Avanços da Biologia Celular e da
Genética Molecular

FUNDAÇÃO EDITORA DA UNESP

Presidente do Conselho Curador
Mário Sérgio Vasconcelos

Diretor-Presidente
José Castilho Marques Neto

Editor-Executivo
Jézio Hernani Bomfim Gutierre

Assessor Editorial
João Luís Ceccantini

Conselho Editorial Acadêmico
Alberto Tsuyoshi Ikeda
Áureo Busetto
Célia Aparecida Ferreira Tolentino
Eda Maria Góes
Elisabete Maniglia
Elisabeth Criscuolo Urbinati
Ildeberto Muniz de Almeida
Maria de Lourdes Ortiz Gandini Baldan
Nilson Ghirardello
Vicente Pleitez

Editores-Assistentes
Anderson Nobara
Fabiana Mioto
Jorge Pereira Filho

COORDENAÇÃO DA COLEÇÃO PARADIDÁTICOS
João Luís C. T. Ceccantini
Raquel Lazzari Leite Barbosa
Ernesta Zamboni
Raul Borges Guimarães
Carlos C. Alberts (Série Evolução)

ANDRÉ LUÍS LAFORGA VANZELA
ROGÉRIO FERNANDES DE SOUZA

Avanços da Biologia Celular e da Genética Molecular

COLEÇÃO PARADIDÁTICOS
SÉRIE EVOLUÇÃO

© 2009 Editora UNESP

Direitos de publicação reservados à:

Fundação Editora da UNESP (FEU)
Praça da Sé, 108
01001-900 – São Paulo – SP
Tel.: (0xx11) 3242-7171
Fax: (0xx11) 3242-7172
www.editoraunesp.com.br
www.livrariaunesp.com.br
feu@editora.unesp.br

CIP – Brasil. Catalogação na fonte
Sindicato Nacional dos Editores de Livros, RJ

V384a

Vanzela, André Luís Laforga, Rogério Fernandes de Souza
 Avanços da Biologia Celular e da Genética Molecular/André Luís Laforga Vanzela, Rogério Fernandes de Souza. – São Paulo: Editora UNESP, 2009
 136p. – (Paradidáticos. Série Evolução)

 Contém glossário
 Inclui bibliografia
 ISBN 978-85-7139-941-9

 1. Citologia. 2. Biologia molecular. 3. Genética molecular. I. Souza, Rogério Fernandes de. II. Título. III. Série.

09-3179.   CDD: 574.87
                                                              CDU: 576

Editora afiliada:

Asociación de Editoriales Universitarias
de América Latina y el Caribe

Associação Brasileira de
Editoras Universitárias

A COLEÇÃO PARADIDÁTICOS UNESP

A Coleção Paradidáticos foi delineada pela Editora UNESP com o objetivo de tornar acessíveis a um amplo público obras sobre *ciência* e *cultura*, produzidas por destacados pesquisadores do meio acadêmico brasileiro.

Os autores da Coleção aceitaram o desafio de tratar de conceitos e questões de grande complexidade presentes no debate científico e cultural de nosso tempo, valendo-se de abordagens rigorosas dos temas focalizados e, ao mesmo tempo, sempre buscando uma linguagem objetiva e despretensiosa.

Na parte final de cada volume, o leitor tem à sua disposição um *Glossário*, um conjunto de *Sugestões de leitura* e algumas *Questões para reflexão e debate*.

O *Glossário* não ambiciona a exaustividade nem pretende substituir o caminho pessoal que todo leitor arguto e criativo percorre, ao dirigir-se a dicionários, enciclopédias, *sites* da internet e tantas outras fontes, no intuito de expandir os sentidos da leitura que se propõe. O tópico, na realidade, procura explicitar com maior detalhe aqueles conceitos, acepções e dados contextuais valorizados pelos próprios autores de cada obra.

As *Sugestões de leitura* apresentam-se como um complemento das notas bibliográficas disseminadas ao longo do texto, correspondendo a um convite, por parte dos autores, para que o leitor aprofunde cada vez mais seus conhecimentos sobre os temas tratados, segundo uma perspectiva seletiva do que há de mais relevante sobre um dado assunto.

As *Questões para reflexão e debate* pretendem provocar intelectualmente o leitor e auxiliá-lo no processo de avaliação da leitura realizada, na sistematização das informações absorvidas e na ampliação de seus horizontes. Isso, tanto para o contexto de leitura individual quanto para as situações de socialização da leitura, como aquelas realizadas no ambiente escolar.

A Coleção pretende, assim, criar condições propícias para a iniciação dos leitores em temas científicos e culturais significativos e para que tenham acesso irrestrito a conhecimentos socialmente relevantes e pertinentes, capazes de motivar as novas gerações para a pesquisa.

SUMÁRIO

AGRADECIMENTOS **9**

PREFÁCIO **11**

CAPÍTULO 1
Organização do DNA nos genomas **13**

CAPÍTULO 2
Genes e Projetos Genoma **46**

CAPÍTULO 3
Genética molecular na medicina preventiva e
em outras aplicações **65**

CAPÍTULO 4
Biotecnologia e os avanços na agricultura **93**

GLOSSÁRIO **115**

SUGESTÕES DE LEITURA **129**

QUESTÕES PARA REFLEXÃO E DEBATE **131**

AGRADECIMENTOS

Thiago Fernandes,
Juliana de Souza Carneiro,
Maurício Cruz Mantoani
Mariana Nardy e
Dimitrius Tansini Pramio pelas críticas e sugestões.

PREFÁCIO

Os temas ligados à Biologia Celular e à Genética fazem parte do nosso cotidiano, sendo comum encontrar, em diferentes veículos de informação, discussões de cientistas, técnicos e políticos sobre diversos assuntos dessa área. Os assuntos mais polêmicos são, certamente, a aceitação ou não dos transgênicos, os efeitos da clonagem de animais e de humanos e o uso de células-tronco embrionárias. Mas eles também englobam os novos métodos de produção e administração de vacinas, fármacos e hormônios, os processos de paternidade e o sequenciamento dos genomas e suas aplicações. O Projeto Genoma Humano vem sendo debatido desde junho de 2000, quando os principais jornais do mundo lançaram a notícia da quase finalização de seu sequenciamento, e atingiu seu ápice em abril de 2003, quando foi comemorado o cinquentenário da descoberta do DNA por Watson e Crick. Essa foi considerada a maior aventura científica de todos os tempos, uma vez que vislumbra a possibilidade de tratamento e cura de inúmeras doenças de caráter genético, bem como muitas especulações de como burlar o envelhecimento e estender ainda mais a expectativa de vida.

No entanto, temos inúmeras informações incompletas e de difícil linguagem, que têm gerado na população sentimentos confusos de medo, rejeição, impotência, felicidade e esperança. Este livro paradidático não busca responder a todas as perguntas que pairam sobre os avanços da Biologia Celular e da Genética Molecular. Seu objetivo é explorar, em uma linguagem um pouco mais simplificada, alguns temas recentes e polêmicos sobre a manipulação das células e do material genético usadas para o desenvolvimento da humanidade. Além disso, a obra busca esclarecer de que maneira os especialistas conseguem manipular o DNA e como essas tecnologias podem trazer avanços ou prejuízos às pessoas e ao meio ambiente.

1 Organização do DNA nos genomas

Introdução

O genoma de um organismo, seja este unicelular ou pluricelular, engloba toda informação geneticamente herdável que está guardada no DNA e que é responsável pela formação de um organismo completo. Por exemplo, herdamos dos nossos pais 23 cromossomos maternos e 23 paternos, sendo que cada cromossomo é constituído por uma longa molécula de DNA. O genoma de cada espécie reúne o conjunto de genes responsáveis pela determinação de como o organismo será. Por exemplo, em um peixe, ele determinará a forma do corpo e a produção de nadadeiras, guelras, boca, olhos etc. A forma mais convencional do genoma definir como será o organismo é pela expressão desses genes, que são utilizados para a fabricação de moléculas de RNA que, por sua vez, são responsáveis por dirigir a produção de polipeptídeos no citoplasma da célula. Esses polipeptídeos formarão as proteínas estruturais e funcionais. Tais proteínas são importantes no desenvolvimento dos organismos, funcionando como enzimas, fibras, hormônios etc. Após a divulgação de que nosso genoma é formado por mais de 3 bilhões de pares de bases e de que, ao invés de 100 mil genes diferentes possuímos apenas de 20 a 25 mil, veio a certeza de que a maior parte do genoma dos organismos eucarióticos não é composta por genes convencionais. Isto é, a maior parte do DNA não é transcrita em RNA e, portanto, não leva à produção de cadeias polipeptídicas ou de proteínas.

Mas o que seria então esse DNA não gênico? Para responder a essa pergunta, serão abordados neste capítulo vários aspectos da constituição dos genomas procarióticos e eucarióticos. A ideia desse tema é oferecer uma visão geral da organização genômica, da diversidade genética e de suas potencialidades, bem como da maneira como as sequências de DNA podem ser modificadas e reparadas perante os inúmeros eventos naturais e não naturais aos quais as células podem ser expostas ao longo da sua existência.

Complexidade e evolução dos genomas

A vida parece ter surgido na Terra por volta de quatro bilhões de anos atrás. Durante a maior parte desse período, nosso planeta foi colonizado apenas por organismos unicelulares e, por mais que pareça estranho, a maioria dos organismos ainda hoje existente é unicelular. O processo evolutivo gerou a diversificação estrutural e funcional dos microrganismos, sendo que alguns se tornaram mais elaborados e complexos, principalmente no que diz respeito aos mecanismos de conservação do DNA como molécula mantenedora das informações genéticas necessárias para a sua sobrevivência e reprodução. Nesse sentido, células procariontes ancestrais com pouco DNA deram origem a células ou organismos com um nível maior de complexidade do material genético, no qual o DNA passou a ser compartimentalizado em uma estrutura conhecida como *núcleo celular*. Alguns cientistas acreditam que a origem dos organismos eucariontes ocorreu justamente pela interação simbiótica entre diferentes procariontes. Ou seja, um microrganismo, ao englobar e abrigar outra célula dentro de si, acabou formando diferentes estruturas, como as mitocôndrias, os cloroplastos etc., dando origem assim aos eucariontes. No caso das mitocôndrias, as evidências para essa hipótese são a sequência do DNA circular, o tamanho dos RNAs e a organização da membrana interna, que são mais semelhantes aos de alguns grupos de bactérias. O mesmo pode ser dito dos cloroplastos, cuja sequência de DNA é mais semelhante ao do material genético das cianobactérias, antigamente conhecidas como algas azuis.

A formação de um núcleo envolto por membrana parece ter permitido a geração de novas e mais complexas combinações de DNA. Desse modo, essa estrutura passou a restringir e a assegurar registro e cópia fiéis da informação genética, enquanto o citoplasma, no qual estão todas as organelas, passou a ser o compartimento de execução das funções celulares relacionadas ao metabolismo. A maior parte dos processos nucleares de replicação do DNA e transcrição para RNAs ficou a critério do núcleo (com exceção do DNA presente nas mitocôndrias e cloroplastos), enquanto a tradução dos RNAs em polipeptídeos e proteínas ficou restrita ao citoplasma. Esse ambiente proporcionou ainda ao DNA um maior controle, ou talvez descontrole, dos processos de amplificação de si mesmo. Isso pode ter auxiliado no aumento considerável e, consequentemente, na diferença de conteúdo de DNA normalmente observado entre procariontes, com pouco DNA, e qualquer eucarionte, com muito DNA.

Mas o que é amplificação do DNA? Esse é um processo de geração de uma ou mais cópias de trechos do material genético, que ocorre inúmeras vezes em diferentes momentos e células. Assim, ao longo da evolução de uma espécie podem acontecer ciclos de amplificação em apenas um ou poucos segmentos de DNA. Isso pode gerar cópias extras de um gene ou de outros segmentos, os quais podem se modificar e assumir novas funções, enquanto os originais permaneceriam com a mesma função. Tal amplificação poderia culminar também na reorganização genômica do DNA nos cromossomos, e destes nos núcleos. Esses eventos, ao longo do tempo, podem iniciar um processo de origem de novas espécies.

É possível separar os organismos que conhecemos hoje em dois grandes grupos de acordo com a organização genômica. O primeiro seria o do genoma procariótico, encontrado, de modo geral, nas bactérias, e o segundo seria o do genoma eucariótico, encontrado nos demais organismos. Vamos começar a analisar o genoma dos procariotos, pelo fato deste ser bem menor e mais simples que o dos eucariotos. O genoma procariótico é formado por um cromossomo, composto por uma molécula circular de DNA. Esse cromossomo é extremamente pequeno – com cerca de 6×10^5 pares de bases (pb) a $9,2 \times 10^6$ pb – quando comparado aos eucariontes. Contudo, possui DNA suficiente para codificar todas as proteínas necessárias a seu desenvolvimento. Esses genomas possuem ainda uma pequena porcentagem de DNAs que não codificam proteínas, os quais são chamados de Sequências Nucleotídicas Curtas e Repetidas.

Além do cromossomo circular único, a maioria das bactérias possui uma ou mais unidades genéticas móveis, que podem ser divididas em três categorias, de acordo com o mecanismo de movimentação. São elas: transposons, fagos e plasmídeos. Dependendo da categoria, esses segmentos móveis podem se deslocar de um genoma para outro, de uma bactéria para outra, entre diferentes espécies de bactérias e, até mesmo, de uma bactéria para células eucarióticas, sejam elas animais ou vegetais. Quando ativos, esses DNAs podem levar a um aumento na quantidade total de DNA da célula receptora e, consequentemente, na variabilidade genética. A primeira categoria, a dos *transposons*, engloba elementos genéticos compostos por genes que os habilitam a se mover dentro do genoma. Esses elementos genéticos podem se desligar ou sair de uma posição do genoma e se inserir em outra. Para isso, eles produzem uma enzima, a *transposase*, capaz de promover a inserção do próprio elemento, ou de uma de suas cópias, em uma nova região do cromossomo, desde que no novo local ocorra um corte na fita de DNA para que o elemento transponível seja inserido e religado na nova posição. Assim, quando esses elementos são inseridos, podem modificar a forma como os genes adjacentes serão expressos, gerar novas combinações gênicas e modificar de modo favorável ou não os genomas das bactérias portadoras. Esses elementos podem ainda aumentar consideravelmente a plasticidade de respostas dos genomas perante as pressões do meio em que estejam vivendo. Um bom exemplo é a influência de alguns elementos transponíveis sobre a variabilidade que algumas espécies de insetos têm na resistência à inseticidas.

A segunda categoria, a dos *fagos*, também chamados de *vírus de bactérias* ou *bacteriófagos*, pode ter como material genético DNA ou RNA. Os fagos possuem forma extracelular capaz de se inserir nos genomas dos procariontes a partir de infecção viral. Como em um vírus, o material genético fica protegido da ação degradante de muitos compostos do meio extracelular graças a uma capa proteica, conhecida como capsídeo. Na infecção, esses elementos ligam-se à superfície externa da bactéria e inserem o genoma viral por meio da membrana plasmática do hospedeiro. Uma vez dentro da bactéria, os genes do fago forçam o genoma desse microrganismo a expressar suas informações, usando para isso toda a maquinaria enzimática do procarionte hospedeiro. Desse modo, os fagos obrigam as células hospedeiras, ou infectadas, a fabricar componentes que se agruparão para formar novos fagos. Alguns fagos têm a capacidade de atuar como vetores na transferência de pequenos segmentos de DNA genômico de uma bactéria para outra. Nesse fenômeno, que recebe o nome de *transdução*, o fago leva, além de seus genes, um ou mais segmentos de DNA do genoma da bactéria hospedeira para a próxima célula hospedeira. Do mesmo modo, o fago pode causar novas combinações gênicas em uma outra bactéria e, consequentemente, aumentar a variabilidade genética e a plasticidade de respostas dessas bactérias em face das diferentes condições do meio.

A terceira categoria, a dos *plasmídeos*, engloba moléculas de DNA circulares, extragenômicos, de replicação autônoma e independente do cromossomo bacteriano. Esses elementos genéticos podem existir em uma ou mais cópias por célula. Além disso, diferentes tipos de plasmídeos podem ocorrer em uma mesma célula. Com relação aos aspectos funcionais, os plasmídeos podem conferir vantagem adaptativa às bactérias, como o poder de infecção no caso de patogenias, além de resistência a antibióticos e a possibilidade de defesa contra outras bactérias. Os plasmídeos são elementos de extrema importância para a biotecnologia, uma vez que possuem genes que controlam a capacidade da própria transferência de uma célula bacteriana a outra, em um processo conhecido como *conjugação*. Esse mecanismo, que envolve um tipo de integração do DNA plasmidial ao DNA de uma célula-alvo, tem sido muito explorado nas atividades de engenharia genética, que serão tratadas nos próximos capítulos.

Diferentemente do genoma procariótico, o DNA eucariótico está organizado em unidades conhecidas como cromossomos, os quais contêm segmentos de cópias únicas (genes) e diferentes famílias de DNAs repetitivos (a maioria não gênicas). Vale a pena relembrar que o número de cromossomos pode variar de $2n = 2$, como no verme de cavalo *Parascaris univalens*, até números bem mais elevados, como no homem ($2n = 46$) ou no girassol selvagem *Helianthus pauciflorus*, com $2n = 102$. É importante ressaltar também que o número de cromossomos pode ser constante ou variar entre espécies próximas e, em poucos casos, o mesmo pode acontecer para populações de uma mesma espécie.

Mas qual é a importância dos cromossomos? Em primeiro lugar, é nessas estruturas que os segmentos gênicos e não gênicos encontram-se alocados. Em segundo lugar, espécies que se reproduzem sexuadamente necessitam de um nível de organização elevado, para que os cromossomos homólogos possam se reconhecer na meiose, trocar segmentos no processo de permuta genética e gerar gametas viáveis. Além de uma distribuição correta dos cromossomos nos gametas, este processo garante combinar nos filhos as características presentes nos pais, o que permite a geração de tantos tipos diferentes de indivíduos dentro de uma mesma espécie. Partindo do pressuposto que nos cromossomos estão alocados os diversos tipos ou famílias de DNA, podemos retornar à explicação de como estes se organizam.

Os DNAs de cópia única correspondem àqueles segmentos gênicos que codificam a produção de quase todas as proteínas estruturais e funcionais necessárias para o metabolismo e o desenvolvimento dos organismos. Os DNAs repetitivos, ou seja, aqueles cuja sequência de seus nucleotídeos se repetem, podem ou não conter. Como exemplos de famílias gênicas, citamos os genes das globinas, como alfa e beta-hemoglobina das hemácias, e a mioglobina dos músculos. Essas famílias gênicas com caráter repetitivo provavelmente foram selecionadas ao longo da evolução biológica em decorrência das vantagens conferidas aos portadores de genes duplicados. Por exemplo, quando duplicamos um gene, uma das cópias pode acumular mutações ao longo do tempo. Por puro acaso, isso pode resultar em modificações no funcionamento desses genes, permitindo que eles adquiram novas funções dentro da célula. Enquanto isso, a cópia original continua a desempenhar a sua função antiga. Isso foi o que provavelmente aconteceu com a família das globinas citadas anteriormente. Ou então, essas cópias extras podem ser mantidas inalteradas pelo fato destas permitirem a produção de uma quantidade elevada de produtos muito requeridos no metabolismo celular. Neste caso, as cópias extras tornam seus portadores biologicamente mais eficientes para determinadas características. O exemplo mais clássico disso é o dos genes que codificam as ribonucleoproteínas formadoras dos ribossomos. Cada célula necessita de inúmeros ribossomos para fazer a tradução do RNA mensageiro em polipeptídeos e, por consequência, em proteínas. Vale a pena lembrar que sem os ribossomos no citoplasma não há proteínas, e sem proteínas não há atividade celular. Todos os ribossomos presentes no citoplasma são teoricamente iguais e produzidos a partir de um pequeno grupo de genes que são repetidos centenas de vezes no núcleo das células, ocupando regiões de um ou mais pares de cromossomos homólogos. Esses segmentos são chamados de DNAr (de ribossômico), e quando transcritos formam os RNAr, que, aliados a proteínas específicas, formam os ribossomos.

Existem outros grupos ou famílias de DNA pobres em genes codificadores de RNA mensageiros e que se repetem milhares de vezes nos mais diferentes genomas eucarióticos. Um exemplo disso é a família das sequências *Alu*, que apresenta cerca de trezentos pares de bases de comprimento e está representada no genoma humano em uma quantidade estimada de um milhão de cópias. Diferentes famílias de DNA que se repetem, como a das sequências *Alu*, embora não codifiquem polipeptídeos e proteínas, podem ser responsáveis pela imensa variação no conteúdo de DNA genômico.

Sabemos hoje que o conteúdo de DNA varia muito quando comparamos diferentes organismos, independentemente de serem animais ou vegetais. Um bom exemplo dessa imensa variação é a diferença observada entre o conteúdo de DNA genômico de *Arabidopsis thaliana*, o vegetal superior com um dos menores genomas conhecidos até o momento – cerca de 0,2 picogramas, onde 1 pg = 10^{-12}g – e o genoma de *Pinus*, com cerca de 30 picogramas (conteúdo de DNA cerca de 150 vezes maior).

Conteúdo de DNA nos genomas

Em termos práticos, para que serve tanto DNA no genoma dos eucariotos? Estima-se que sejam necessários cerca de 25 mil genes para as espécies vegetais nascerem, desenvolverem-se e alcançar a fase reprodutiva. Se pensarmos em pares de bases do DNA, se cada um desses genes tivesse um comprimento médio de 2.400 pares de bases, o que daria origem a peptídeos com cerca de 800 aminoácidos, seriam necessários aproximadamente 6 x 107 pares de bases em *Arabidopsis thaliana*, um valor bem maior do que os citados anteriormente para os procariontes. No entanto, *A. thaliana* possui aproximadamente 1,5 x 10^8 pb, mais que o dobro do valor estimado necessário para comportar os genes funcionais. Nesse contexto, podemos supor que as espécies de *Pinus* precisariam dos mesmos 6 x 10^7 pb para se desenvolverem em uma planta adulta. No entanto, elas possuem muito mais DNA que o necessário. Partindo do pressuposto de que o conteúdo do DNA nuclear pode variar muito entre espécies distintas, independentemente das famílias ou grupos taxonômicos a que pertençam, e que a quantidade de DNA por genoma haploide é muito maior do que a quantidade mínima necessária para a produção de todas as proteínas utilizadas durante toda a vida, surge uma dúvida: que função restaria a este DNA repetitivo?

Infelizmente, essa pergunta ainda não pode ser completamente respondida, principalmente porque essa é uma porção do DNA composta por inúmeras famílias e tipos distintos de segmentos não gênicos. Estes diferem consideravelmente entre espécies diferentes, sobretudo quando comparamos espécies que pertencem a grupos taxonômicos biologicamente distantes. Como comentado anteriormente, os DNAs repetitivos são considerados os principais responsáveis pela variação no tamanho dos genomas e foram os primeiros estudados por técnicas moleculares, por serem mais facilmente isoláveis devido ao caráter repetitivo. Até hoje, esses DNAs são empregados para estudar a dinâmica e a evolução de muitos genomas, com base em diferenças na sequência de nucleotídeos e na localização física nos cromossomos.

Algumas hipóteses foram criadas para tentar explicar a natureza das famílias de DNAs repetitivos, uma vez que elas frequentemente não possuem genes funcionais, exceto em alguns casos que mencionaremos mais adiante. Até alguns anos atrás muitos estudiosos sugeriam que esses segmentos seriam compostos por diferentes tipos de DNA egoístas ou parasitas, ou então por refugos ou por uma fração do DNA genômico de natureza dispensável. É como se esses segmentos funcionassem de modo independente daqueles DNAs gênicos, sendo que sua manutenção nas populações e espécies ocorresse pelo fato de eles terem a capacidade de amplificar-se e espalhar-se pelos genomas. Isso seria facilitado em espécies com reprodução sexuada, já que nessa situação um desses elementos poderia atingir as células reprodutivas de um indivíduo e se espalhar rapidamente pela população nas próximas gerações. Nessa situação, tais elementos somente seriam detidos caso seus efeitos se tornassem nocivos aos seus portadores. Isso poderia acontecer por uma amplificação exagerada desses elementos, seguida da inserção e da inativação de genes fundamentais à manutenção da vida dos hospedeiros. Nesse caso, a seleção natural se encarregaria de eliminar os indivíduos afetados ou, então, de favorecer mecanismos celulares que controlassem a taxa de multiplicação dos elementos de DNA repetitivos. É o que parece ter acontecido, por exemplo, com uma classe de transposons conhecidos como *elementos P*, da mosca *Drosophila melanogaster*.

De fato, os DNAs gênicos e não gênicos ocorrem dentro do mesmo compartimento celular, o núcleo, e qualquer alteração de amplificação ou perda de DNA pode influenciar, pelo menos fisicamente, aqueles segmentos que estejam nas proximidades. Se imaginarmos o núcleo como uma estrutura que deve alocar cada cromossomo em um território, qualquer modificação envolvendo amplificação ou perda de DNA deve consequentemente diminuir ou aumentar o espaço (território) de cada cromossomo. Isso poderia influenciar a expressão dos genes que estão no cromossomo alterado, bem como em outros cromossomos que tenham seus territórios nas proximidades. Se pensarmos na evolução, o acúmulo e a perda de sequências de DNA são detectados somente porque aconteceram sem causar danos ao metabolismo normal das células. Nesse sentido, os organismos portadores de tais modificações não danosas ainda estão vivos, ao contrário daqueles extintos, cujas modificações causaram algum tipo de dano. A ideia central é que, apesar dos segmentos repetitivos não estarem necessariamente se expressando como genes, quando são amplificados ou deletados, estes podem alterar: o volume do núcleo, a organização dos cromossomos no núcleo, o tempo de replicação do DNA nuclear, o tempo de duração das divisões celulares e o ciclo de vida do organismo. Hipoteticamente, se um evento de amplificação de DNA acontecer, a célula pode levar mais tempo para replicar o material genético devido a uma maior quantidade de DNA e, assim, aumentar o tempo da intérfase que precede a mitose ou a meiose. O contrário aconteceria se houvesse perda de segmentos de DNA, desde que essa perda não levasse à morte celular, tecidual ou do organismo.

Por outro lado, os chamados *Projetos Genoma* têm mostrado que existem poucas diferenças na quantidade de genes que codificam polipeptídeos entre organismos contrastantes, como humanos e moscas, ou mesmo em espécies mais semelhantes, como humanos e chimpanzés. Além disso, tem-se observado que muito do DNA repetitivo que carregamos, embora não se expresse em polipeptídeos, é responsável pela codificação de uma série de pequenas moléculas de RNA. Esses RNAs, embora não sejam traduzidos em polipeptídeos, são responsáveis por controlar os genes que levam à produção de proteínas. Assim, talvez o que nos diferencie de um chimpanzé não esteja somente e necessariamente ligado à quantidade de genes diferentes que possuímos, mas sim ao controle, tanto da quantidade quanto do local em que esses genes se expressarão. Portanto, além de poderem estar envolvidas com um mecanismo mais fino de regulação da expressão gênica, muitas dessas famílias repetidas de DNA podem ser as responsáveis pelo fato de um humano ser tão diferente de uma mosca, justamente porque podem de algum modo interferir na expressão alternativa de muitos segmentos gênicos.

A mosca drosófila tem cerca de 15 mil genes, e o genoma humano tem cerca de 10 mil genes a mais. Entretanto, a maior diferença entre as duas espécies está na quantidade de DNA repetitivo, que é muito maior no genoma humano. Assim, é possível que esse DNA em excesso possa de algum modo influenciar na expressão alternativa dos nossos 25 mil genes, o que permitiria originar até cerca de cem mil tipos diferentes de polipeptídeos ou proteínas. Para compreender melhor esse raciocínio, basta imaginar aqueles blocos de brinquedos de montar: a partir de um grupo pequeno de peças diferentes, é possível fazer um carrinho, uma casa, uma nave espacial etc. Portanto, cada vez mais, muitos desses segmentos de DNA repetitivos, outrora considerados não funcionais ou refugo, estão ganhando *status* de componentes fundamentais para o aumento da complexidade e até mesmo para o processo evolutivo dos genomas eucariontes.

O Quadro 1 traz os diferentes tipos de DNA existentes em eucariotos, separados em grupos, de acordo com sua organização (tamanho, comportamento e sequência de nucleotídeos) e função. Dentro de cada tipo de DNA repetitivo podem haver diferentes subtipos, com inúmeras variantes. Há uma tendência das espécies evolutivamente próximas terem DNAs repetitivos mais similares quando comparadas espécies mais distantes. Assim, vegetais como a batata (*Solanum tuberosus*) e a maria-pretinha (*Solanum americanum*), da família Solanaceae, podem possuir um tipo similar de DNA repetitivo em seus genomas. Por outro lado, se o genoma de alguma dessas espécies for comparado ao do pinheiro-do-paraná (*Araucaria angustifolia*), essa chance diminui muito, uma vez que as duas primeiras são Angiospermas e o pinheiro-do-paraná é uma Gimnosperma. Essa diferença pode ser ainda maior se compararmos os genomas vegetais a outros mais distantes em evolução, como roedores, cavalos, peixes ou leveduras.

QUADRO 1. ORGANIZAÇÃO DOS DIFERENTES TIPOS DE SEGMENTOS DE DNA QUANTO AO TAMANHO, AO NÚMERO DE CÓPIAS E À LOCALIZAÇÃO NOS CROMOSSOMOS EUCARIÓTICOS

Tipos de DNA	Tamanho	Números de cópias por genoma	Função	Localização cromossômica
DNA de cópia única	Variável	Uma ou poucas, dependendo do nível de ploidia	Genes funcionais que codificam RNAs mensageiros	Dispersa
DNA medianamente repetido	300 pb a 9.000 pb	Centenas de cópias	Genes funcionais que formam as subunidades dos ribossomos e que codificam as histonas	Em regiões específicas, mas principalmente na ponta dos cromossomos
DNA satélite	A partir de 100 pb	Altamente repetitivo, ou seja, milhares de cópias	Incerta ou sem função clara no metabolismo normal	Em blocos, no centrômero, no meio e nas pontas dos braços cromossômicos variando de acordo com a espécie
Minissatélites	10 a 100 pb	Variável	Incerta ou sem função clara no metabolismo normal	Podem ficar dispersos pelos cromossomos ou formando blocos, variando de acorco com a espécie
Microssatélites	1 a 10 pb	Variável	Incerta ou sem função clara no metabolismo normal	Varia de acordo com a espécie, podendo ocorrer dispersos pelos cromossomos ou formando blocos, como é o caso dos telômeros (Ex: TTTAGGG)
Elementos transponíveis	Variável	Variável	Possuem genes que codificam proteínas relacionadas à manutenção dos elementos transponíveis no processo de transposição	Podem ocorrer dispersos pelos cromossomos ou formando blocos, variando de acordo com a espécie

AVANÇOS DA BIOLOGIA CELULAR E DA GENÉTICA MOLECULAR

Biodiversidade e bancos genéticos

Os genomas das mais distintas espécies, sejam elas procariontes ou eucariontes, contêm diferentes quantidades de DNA, diferentes tipos e quantidades de genes funcionais e de DNAs repetitivos, bem como diferentes formas alternativas de um mesmo gene, os chamados alelos. Todo esse conjunto, ao qual chamamos de Diversidade Genética, é um componente importante dos ecossistemas, que, em conjunto com outros elementos, forma a Biodiversidade. A Biodiversidade compreende toda a variabilidade de espécies encontrada na natureza, sejam elas microrganismos, fungos, protozoários, animais ou vegetais, considerando ainda o meio ambiente em que cada organismo ou conjunto de organismos vive. Em 1992, a Convenção de Diversidade Biológica a definiu, pelo menos em papel, como a variabilidade entre os organismos vivos de todos os ecossistemas, marinhos e terrestres, incluindo, ainda, espécies e/ou categorias inferiores como subespécies, formas e variedades. Estima-se que no planeta existam entre quatrocentas e quinhentas mil espécies vegetais, das quais cerca de trezentas mil já foram catalogadas. Entre elas, cerca de trinta mil têm potencial para consumo animal e humano. No entanto, apenas sete mil espécies são cultivadas pelo homem. O Brasil é o país com a maior diversidade genética vegetal do mundo, com aproximadamente 20% das espécies já classificadas. Esse dado coloca nosso país como um dos maiores bancos de genes conservados em ambiente natural do planeta. Se devidamente protegido, esse banco poderia fornecer instrumentos para inúmeras pesquisas em biotecnologia nas áreas da farmacologia, transgenia, melhoramento genético e manutenção da biodiversidade. Isso seria de grande utilidade para ampliar a qualidade dos alimentos oferecidos à população, bem como dos mecanismos de proteção do meio ambiente. Contudo, para termos uma ideia da desorganização e do mau uso de nossos recursos genéticos, basta tomarmos como exemplo nossa alimentação. Cinquenta por cento dos alimentos que chegam à mesa dos consumidores brasileiros são derivados do arroz, do milho, do trigo e da batata, sendo este último o quarto alimento mais consumido no mundo. A mandioca, por exemplo, é originária do Brasil e contribui com apenas 7% da alimentação dos brasileiros.

É fato que o Brasil possui uma gigantesca riqueza genética, que aparece distribuída em inúmeras espécies de diferentes ecossistemas. No entanto, o pouco caso com que essa variabilidade é tratada, haja vista a imensa quantidade de queimadas, desmatamentos, poluição de rios etc., torna-nos um país pobre apesar da riqueza biológica. Mesmo com o elevado potencial de nossa variabilidade para uso direto na alimentação e na indústria, falta uma política pública de controle, preservação e uso sustentável dos recursos naturais. Exemplos lamentáveis de como os nossos recursos biológicos são valiosos não para nós mas para outros países são os da biopirataria ou mesmo da geração de patentes de derivados de espécies nativas, como aconteceu em 2003 com o cupuaçu (uma fruta originária da Amazônia) por empresas japonesas e norte-americanas.

Atualmente, a Embrapa Recursos Genéticos e Biotecnologia coordena a conservação e o uso dos recursos genéticos no Brasil em conjunto com inúmeras instituições públicas e privadas. Esse grupo organizou um Sistema de Curadoria, em que são mantidas mais de quinhentas mil amostras de plantas, animais e microrganismos. Esse banco é utilizado no estudo e na conservação da variabilidade genética, no manejo dos recursos genéticos, no intercâmbio de germoplasma e na regeneração de organismos. Para tal, o Sistema de Curadoria mantém também sementes e sêmen de diversas espécies de interesse agropecuário e industrial.

O banco de germoplasma de animais com potencial econômico trabalha a fim de preservar o material genético na forma de sêmen, embriões e ovócitos de animais nativos e trazidos ao Brasil desde a época da colonização. Muitos desses animais, dentre eles bovinos, caprinos, ovinos e suínos, são considerados verdadeiros tesouros por terem sido criados por pequenos agricultores, ao longo das gerações, em condições naturais. Sem uma interferência humana mais radical, esses animais "crioulos" foram naturalmente selecionados para caracteres importantes, como a rusticidade e a resistência a doenças e pragas. Hoje, eles são fontes de genes para o melhoramento das raças mais comercializadas. Desse modo, os pesquisadores brasileiros tentam buscar nas raças esquecidas os componentes fundamentais para o programa de desenvolvimento da pecuária nacional.

Esses bancos genéticos, além de armazenarem células e tecidos em criogenia, dão suporte aos estudos que buscam o mapeamento gênico e a geração de marcadores de DNA para cada raça de cada espécie. As marcas moleculares podem então ser relacionadas aos caracteres de interesse agropecuário, como produtividade, resistência e rusticidade e, desse modo, conduzir os especialistas na escolha dos cruzamentos que apresentem maiores chances de produzir descendentes com as combinações de características desejadas.

Os bancos genéticos de microrganismos são, do mesmo modo, extremamente importantes, principalmente para as indústrias que desenvolvem produtos farmacêuticos (hormônios, remédios), agropecuários (adubos e bioinseticidas), energéticos (biogás) e alimentícios (queijos, vinhos, iogurtes). Atualmente, muitos dos 1.500 microrganismos com potencial de uso na agropecuária, como aqueles empregados como bioinseticidas, vêm dos bancos genéticos. Entre eles, os mais famosos são o *Metarhizium anisopliae*, que combate a cigarrinha da cana-de-açúcar, e o *Bacillus thurigiensis*, que combate a lagarta do cartucho do milho.

No que diz respeito ao ambiente florestal, o Brasil foi responsável por quase 30% das florestas destruídas do planeta nos últimos anos. Essa alta porcentagem deve-se ao fato de a maioria dos países já ter destruído o que tinha. Contudo, o valor continua sendo alarmante quando o associamos ao número de espécies em extinção. Acredita-se que o Brasil seja o atual responsável pela extinção de três a quatro espécies por dia. Embora esses dados sejam preocupantes, existem alguns setores que têm investido na restauração de ecossistemas. Atualmente, algumas agências de fomento, como o Fundo Nacional do Meio Ambiente, a Sema/IAP, a Fundação O Boticário e muitas outras, têm incentivado a formação de bancos de sementes de espécies arbóreas nativas, empregadas em programas de reflorestamento. Como exemplos, citamos a Rede Semente Sul, englobando cerca de vinte viveiros e bancos de sementes interligados que funcionam trocando sementes e dando suporte em produção, além do Labre/UEL, que coordena as atividades de quatro viveiros de mudas no norte do Paraná com uma produção anual de cerca de 1,5 milhão de mudas de árvores nativas. No entanto, por maior que seja o investimento em conservação e restauração, os prejuízos à biodiversidade também crescem a cada dia, principalmente por despejo indiscriminado dos restos da atividade humana no meio ambiente sem qualquer tipo de controle ou acompanhamento dos produtos e da quantidade descartada. A poluição coloca em contato alguns elementos (DNA e agentes tóxicos) que não estariam juntos sem a interferência humana. Desse modo, é provável que muitos compostos químicos encontrados em um mesmo local e em condições naturais jamais estivessem juntos se não tivessem sido depositados pelo homem. Muitos desses compostos, associados ou não, podem ser prejudiciais ao DNA, causando danos irreversíveis no material genético dos organismos a eles expostos ou até mesmo afetando a sobrevivência desses organismos, interferindo na biodiversidade como um todo. O maior problema está na falta de controle da poluição e no desconhecimento dos efeitos desta no material genético de todos os seres vivos.

Métodos de estudo da variabilidade genética

Modificações na molécula de DNA causadas por eventos naturais ou artificiais podem seguir dois caminhos evolutivos distintos. No primeiro caso, os segmentos mutantes podem ser eliminados da população, principalmente se esses novos variantes diminuírem a adaptação de seus portadores ao ambiente. No segundo caso, eles podem passar a fazer parte do polimorfismo genético da espécie, na forma de uma nova variante de um gene, o chamado alelo. O sistema de determinação sanguínea, conhecido como ABO, é um bom exemplo de formas variantes de um gene que apareceram e se fixaram na população humana. Esses variantes são excelentes ferramentas para estudos genéticos, sobretudo porque podem ser empregados pelos cientistas para averiguar o nível de variabilidade genética presente nas populações naturais, bem como para tentar estabelecer as relações evolutivas entre os organismos, como o grau de parentesco entre as espécies. Em muitas situações, eles servem como marcadores que podem ser utilizados no processo de seleção de organismos portadores de características de interesse agropecuário, como na seleção de animais e de plantas resistentes a doenças. Mais recentemente, os variantes genéticos passaram a ser utilizados como ferramentas na análise forense, como testes de paternidade ou identificação de suspeitos em diferentes delitos.

Para que esses variantes genéticos sejam considerados marcadores, eles devem ser herdáveis, ou seja, precisam ser passados dos progenitores para seus filhos, segregando segundo as leis de Mendel. Assim, deve ser possível acompanhá-los ao longo das gerações da mesma forma que Mendel fez com suas famosas ervilhas. Até a década de 1960, a análise da variação presente nas populações naturais se firmava basicamente em marcadores morfológicos. A diversidade genética existente nas populações e espécies era estudada a partir das diferenças observadas na coloração, na forma e no tamanho dos indivíduos. Sabe-se que esse tipo de variação é, em alguns casos, difícil de ser analisado, tendo em vista que esta pode sofrer grande influência do ambiente e que nem sempre seus mecanismos de herança são de fácil discernimento. Um dos grandes avanços no estudo da variabilidade genética surgiu com o desenvolvimento dos marcadores proteicos na década de 1960 e, posteriormente, na década de 1970, com os marcadores de DNA. Esses marcadores, ditos moleculares, correspondem a marcas ou sinais presentes nas células dos indivíduos e podem ser reconhecidos devido a diferenças existentes no tamanho e/ou na sequência de biomoléculas como DNA, RNA e proteínas. Para buscar essas diferenças, os cientistas isolam proteínas e ácidos nucleicos utilizando diferentes técnicas de biologia molecular. Esses procedimentos podem ser feitos com biomoléculas isoladas de tecidos distintos de um único indivíduo, de indivíduos de uma mesma espécie ou ainda de indivíduos de espécies distintas.

Para utilizar as proteínas como marcadores moleculares, os pesquisadores coletam amostras de diferentes tecidos, como sangue ou outro tecido animal, bem como pedaços de folhas e sementes. Essas amostras são homogeneizadas com reagentes químicos que preservam ao máximo as proteínas, sendo em seguida depositadas em uma matriz gelatinosa (um gel de amido, por exemplo). Essa matriz é exposta a uma corrente elétrica, processo conhecido como eletroforese. Como a composição das proteínas varia de acordo com os aminoácidos que elas possuem e como alguns aminoácidos podem lhes conferir uma carga elétrica positiva ou negativa, as proteínas podem ser separadas na eletroforese de acordo com sua carga e seu tamanho. Depois da separação eletroforética, as proteínas totais do tecido em questão podem ser observadas por meio de uma coloração genérica ou específica para determinadas proteínas. Caso o interesse seja buscar diferenças entre enzimas ou variantes enzimáticas, a observação pode ser feita mergulhando a matriz gelatinosa em uma solução que contenha o substrato da enzima desejada, juntamente com substâncias capazes de conferir cor ao produto da reação enzima-substrato. Por exemplo, se o objetivo for detectar variantes para a enzima *álcool desidrogenase*, importante na degradação do álcool, será necessário mergulhar a matriz gelatinosa em uma solução contendo álcool e os reagentes capazes de produzir cor para detectar o produto dessa reação enzimática.

A utilização de marcadores proteicos é eficaz se considerarmos que as cadeias polipeptídicas são o resultado da ação direta do DNA. No entanto, nem todas as modificações na molécula de DNA resultarão em mudanças na composição dos aminoácidos das proteínas. Do mesmo modo, nem todas as trocas de aminoácidos nas proteínas mudarão sua carga elétrica líquida ou mesmo seu funcionamento. Por isso, o nível de diversidade genética encontrado quando utilizamos marcadores proteicos normalmente não é tão elevado. Além disso, as enzimas nem sempre são constantes em todos os tecidos, já que sua ocorrência e quantidade dependem principalmente do estágio de desenvolvimento do organismo, das condições ambientais e da função por elas exercida.

Por outro lado, os marcadores moleculares baseados em DNA oferecem um diagnóstico direto da variação encontrada no próprio material genético, e não de seus produtos, como é o caso das proteínas. Assim, é possível avaliar pequenos detalhes da variabilidade genética de um ou mais organismos por meio de pequenas diferenças ou similaridades na própria fita de DNA. Normalmente, as técnicas de marcadores moleculares baseados no DNA são identificadas por siglas como PCR (Reação em Cadeia da Polimerase), RAPD (DNA Polimórfico Amplificado ao Acaso), RFLP (Polimorfismo de Tamanho de Fragmento de Restrição), entre outras. Entretanto, independentemente do nome e do modo como as técnicas são feitas, todas elas possibilitam detectar alterações grandes ou pequenas em um ou mais trechos do DNA.

Qualquer que seja o organismo, o primeiro passo para realizar um estudo do DNA envolve a obtenção e a purificação dessa biomolécula. A obtenção de DNA puro é uma etapa importante na análise da estrutura de qualquer genoma. Quanto mais puro estiver o DNA, mais facilmente ele poderá ser estudado. DNA puro significa DNA livre de outras biomoléculas, como proteínas e açúcares, ou seja, apenas a fita de dupla hélice. Para isso, é imprescindível haver uma boa quantidade de células em bom estado de conservação. Em seguida, é necessário romper todas as células para a liberação dos constituintes celulares. Se o DNA for extraído de células sanguíneas, como os leucócitos, basta isolar tais células e colocá-las em uma solução que permita o rompimento das membranas celulares. Para tecidos mais duros, como o muscular ou as folhas de plantas, podem ser usados artifícios como o congelamento em nitrogênio líquido (a −196 °C) com a posterior quebra mecânica das células por maceração. Após esse rompimento, o material biológico deve ser tratado rapidamente com uma solução composta por detergentes, que rompem as forças hidrofóbicas dos lipídeos da membrana das células e organelas e outros reagentes que desnaturam o complexo DNA-proteína. Essas soluções costumam conter também alguns compostos ou condições os quais garantem que o DNA não seja degradado durante o procedimento. A separação final dos ácidos nucleicos das proteínas é feita pela lavagem do extrato com substâncias capazes de tornar as proteínas insolúveis, como o clorofórmio. Desse modo, dentro de um tubo de ensaio, estarão precipitados os restos de organelas e proteínas, ficando dissolvidas na solução de extração apenas as moléculas de DNA e RNA. Para a obtenção apenas do DNA, essa solução é tratada em seguida com uma enzima que degrada moléculas de RNA, conhecida como RNAse.

Após a digestão com RNAse, o DNA é separado dos outros componentes celulares por precipitação alcoólica. Ao adicionar álcool, o DNA é desidratado e enovela-se, assumindo um aspecto fibroso muitas vezes visível a olho nu. Obviamente, todo o processo de extração de DNA deve ser feito sempre com reagentes e materiais de qualidade inquestionável, esterilizados, descontaminados e em um ambiente extremamente limpo, especialmente quando se trata de DNA empregado em análise forense, em pesquisa científica e engenharia genética.

Com o DNA purificado, pode-se então fragmentá-lo com enzimas que o cortam em regiões específicas, ou então utilizar um sistema enzimático capaz de gerar milhares de cópias de um ou mais trechos ou segmentos dessa molécula. Após ser cortado ou amplificado, o DNA pode ser separado pelo processo de eletroforese de acordo com o tamanho dos fragmentos gerados. Esses fragmentos são observados pela coloração com uma substância fluorescente que se liga apenas ao DNA, sob condições adequadas de iluminação. Nesse caso, os marcadores genéticos seriam os próprios fragmentos de DNA, assim separados por terem tamanhos diferentes. Desse modo, diferentes indivíduos de uma espécie têm chance elevada de possuir marcas genéticas comuns da espécie, além de outras que serão próprias de cada indivíduo ou de uma família. Portanto, ao compararmos indivíduos não aparentados, é esperado que encontremos marcas genéticas mais diferentes, e essa diferença é acentuada conforme aumenta a distância evolutiva dos organismos.

Mutações e poluição

É comum depararmos com notícias nacionais e internacionais sobre maus hábitos e acidentes que causam danos ao meio ambiente e à vida, como o despejo de óleo e produtos químicos em nossas fontes de água, a emissão de gases tóxicos que causam danos à atmosfera e a contaminação do solo por lixo orgânico, pesticidas e outros. São tantos os acontecimentos, que os seres vivos certamente entram em contato esporádico ou contínuo com substâncias que de algum modo causam danos ao material genético.

As células, no entanto, possuem diferentes mecanismos que visam preservar a informação genética presente na molécula de DNA. Isso é fundamental para que as diferentes gerações não acumulem modificações significativas nos genes, o que poderia levar a danos às proles ou até mesmo à extinção de espécies. Contudo, não existe um sistema de proteção infalível, e, vez ou outra, o DNA sofre alterações em sua sequência de nucleotídeos. Essas alterações, chamadas de mutações, podem ser espontâneas, como um simples erro que ocorre durante o processo de duplicação do DNA e que não é provocado por nenhum agente externo. Em outros casos, as mutações são induzidas por agentes externos, como a radiação solar ultravioleta ou os compostos tóxicos produzidos pelo homem. O problema é justamente este: quanto mais liberarmos produtos tóxicos no ambiente, maior será a probabilidade de os organismos vivos entrarem em contato com essas substâncias e danificarem seu material genético de uma maneira irreversível.

Os danos aos quais o DNA está sujeito podem ser separados em dois grupos distintos, de acordo sua dimensão. O primeiro, conhecido como *mutações gênicas*, envolve a troca, o ganho ou a perda de um ou poucos nucleotídeos na fita de DNA. O segundo grupo, das *mutações cromossômicas*, envolve quebras, ganhos ou algum tipo de reorganização em grandes segmentos de DNA, podendo englobar pedaços cromossômicos ou mesmo um ou mais cromossomos. Independentemente do tipo, as mutações podem causar alterações irreversíveis no funcionamento dos genes, seja pelo impedimento da sua expressão, seja pela mudança do código de uma sequência gênica ou pela mudança de posição de um ou mais genes nos cromossomos.

Quando determinado tipo de dano ao DNA ocorre em um ou mais genes fundamentais para o metabolismo e a sobrevivência celular, o funcionamento de um tecido ou órgão pode ficar comprometido. Esse evento pode causar a morte do indivíduo portador. Se o agente causador do dano atingir um ecossistema inteiro, isso pode levar à extinção de muitas espécies locais. Devemos lembrar que a morte de um grande número de espécies provocada pela contaminação ambiental com substâncias tóxicas, como os corriqueiros vazamentos de petróleo, não ocorre porque houve mutação no material genético desses organismos, mas sim porque eles foram intoxicados. Entretanto, a perda de indivíduos por contaminação elevada pode ocasionar uma redução no tamanho das populações e, consequentemente, uma perda considerável de diversidade genética nas espécies. Além disso, a liberação descontrolada de substâncias tóxicas pode ter um caráter acumulativo, fazendo com que muitas mutações nocivas se acumulem nas populações, o que pode levar à sua extinção. Atualmente, estima-se que a taxa de extinção de populações naturais seja de cem a duzentas vezes maior do que no período anterior ao da Revolução Industrial. O processo acelerado de emissão de poluentes no meio ambiente está causando alterações no curso natural da evolução ao interferir no funcionamento e na estabilidade de muitos ecossistemas.

As fontes de poluição podem ser classificadas de acordo com sua origem (dejetos domésticos, industriais, de mineração etc.), seus componentes (orgânicos, químicos ou físicos) e suas propriedades (tóxica, radioativa etc.). Diferentemente das mudanças genéticas selecionadas lentamente no processo evolutivo, aquelas causadas por agentes poluidores acontecem de maneira acelerada. Isso aumenta a chance de serem prejudiciais a um número maior de organismos. Assim, mesmo que muitos organismos possam ter variabilidade genética e metabólica suficiente para resistir a um ou mais agentes poluidores, a quantidade de organismos afetados pode ser grande o suficiente para levar a uma perda considerável da variabilidade genética nas populações naturais. Por outro lado, aquelas populações com baixa variabilidade genética estão mais propensas à extinção a médio ou longo prazo.

É importante ressaltar que nem todas as mutações que acontecem no material genético comprometerão a sobrevivência dos organismos ou serão desfavoráveis ao processo evolutivo. Mutações podem afetar os genes sem comprometer seu funcionamento ou mesmo, por puro acaso melhorar sua performance. Elas também podem afetar o DNA não gênico, como os DNAs repetitivos, mas, na maioria das vezes, essas mutações nem sequer são percebidas como alterações na forma ou no comportamento do organismo. Isso acontece porque o DNA repetitivo nem sempre é transcrito em forma de RNA mensageiro, e este nem sempre é traduzido na forma de polipeptídeos. Desse modo, alterações nos DNAs repetitivos nem sempre afetam o metabolismo ou a morfologia do organismo portador da mutação.

Neste ponto é importante salientar que algumas alterações que ocorrem no DNA são geneticamente controladas, sendo fundamentais à sobrevivência das espécies ao longo do tempo. O melhor exemplo disso é a recombinação genética. Essas alterações já foram detectadas em vírus, procariontes e eucariontes, e têm como papel biológico fundamental aumentar a variabilidade genética decorrente das mutações no DNA. A recombinação genética é responsável pelas novas combinações dos genes/alelos presentes nos organismos. Nos eucariontes, esse mecanismo ocorre na prófase I da meiose, no início da formação dos gametas, tanto em animais quanto em vegetais, e é caracterizada como uma modificação não danosa do genoma. Na recombinação, também conhecida como permuta ou *crossing-over*, segmentos de cromossomos homólogos são trocados, aumentando a variabilidade genética.

Podemos perceber que mutação não é necessariamente sinônimo de catástrofe. Do ponto de vista evolucionário, as mutações são fontes primárias da variabilidade genética, e a recombinação é a maneira como novas mutações são misturadas. Entretanto, o problema dos agentes tóxicos ao DNA produzidos pelo homem está na quantidade de mutações que estes podem induzir nos genomas dos organismos vivos.

Mutação e os aspectos genéticos do câncer

De modo geral, os poluentes podem causar alterações no desenvolvimento dos organismos, danificar células da linhagem germinativa, provocar baixa fertilidade, envelhecimento precoce e muitos tipos de câncer, chamados também de neoplasia. Nesse caso, as células podem ter seu DNA mutado de tal forma que não conseguem mais perceber que existem outras células a seu lado no mesmo tecido e, com isso, entram em mitose. Uma célula nesse estado pode perder a capacidade de controlar as divisões celulares por mitose, aumentando assim seu potencial de proliferação. Essas células danificadas acabam sofrendo mitoses consecutivas e descontroladas, invadindo assim os tecidos adjacentes, formando o que conhecemos como tumor. Tal tecido pode conter células com propriedades tão danificadas que estas se tornam diferentes daquelas que compunham o tecido original.

Dos genes envolvidos no processo tumoral, vale a pena ressaltar a ação dos oncogenes e dos supressores de tumor. Os primeiros ocorrem em nosso organismo de modo inativo, como se estivessem dormentes. Nesse estado, eles são chamados de proto-oncogenes. Quando células normais entram em contato com algum agente químico ou físico capaz de provocar danos ao DNA, esses proto-oncogenes podem ser ativados. Quando ativados, os oncogenes causam descontrole celular com a perda do contato célula-célula e, consequentemente, levam à formação de uma neoplasia. Contudo, embora sejam conhecidos como oncogenes, esses genes não existem para causar tumor, mas, de um modo geral estão envolvidos no controle da divisão celular. O segundo grupo, o dos genes supressores de tumor, funciona prevenindo a formação de tumores, ou seja, impede o desenvolvimento da neoplasia. Em algumas situações, o contato de células normais com agentes capazes de provocar danos ao DNA pode levar ao não funcionamento dos genes supressores de tumor. Nesse caso, células e tecidos ficam desprotegidos e, a qualquer momento, podem iniciar o processo de formação de neoplasia.

Fatores internos e externos aos organismos podem provocar mutações no material genético. Os fatores internos, ou endógenos, são geralmente derivados de erros nos processos celulares normais decorrentes, por exemplo, da ação de radicais livres formados durante o metabolismo celular. Os fatores externos, ou exógenos, são considerados os principais responsáveis por mutações que levam à formação de neoplasias. Dentre eles, podemos citar os mais próximos do nosso dia a dia, como o cigarro, o álcool, a radiação ultravioleta, os raios X, o vírus HPV e muitos outros. Em termos numéricos, cerca de 60% das mortes por câncer registradas no mundo são atribuídas aos efeitos nocivos do cigarro e da dieta alimentar, contra 15% causadas por agentes infecciosos, como os vírus HPV e da hepatite B.

Outro aspecto a ser esclarecido é o risco do contato com um agente causador de câncer. Trabalhadores em contato diário com agentes tóxicos com potencial de gerar danos ao DNA, os chamados genotóxicos, têm chance muito maior de ter seu material genético atingido de uma maneira mais incisiva quando comparados às pessoas que entram em contato esporadicamente com o mesmo produto. Esse tipo de contaminação é denominado exposição ocupacional, ou seja, é decorrente do trabalho de cada um. Muitas vezes, há contato com produtos que são misturas de vários compostos químicos e nem ao menos se sabe qual deles estaria causando os danos ao DNA. O contato com essas substâncias pode ser por inalação, toque ou ingestão. Independentemente do tipo de contato, tais agentes podem ser classificados como orgânicos e inorgânicos. Alguns exemplos de agentes causadores de danos ao DNA são: inseticidas, fungicidas, herbicidas, cloreto de vinil, estireno, cromo, cádmio, arsênico, raios X, raios gama, luz ultravioleta, formol etc. No entanto, da maneira como o assunto foi abordado até aqui, tem-se a impressão de que a célula é uma entidade impotente diante de tanta poluição e dos agentes químicos e físicos. A verdade é que elas encontraram um modo de se defender.

Mecanismos de reparo do DNA

Durante a evolução, os organismos desenvolveram a capacidade de prevenir e eliminar danos ao DNA, fossem eles causados por agentes químicos e físicos, fossem por erros casuais no processo de replicação do DNA. Provavelmente, os processos mais aperfeiçoados de reparo do DNA pelas células foram sendo selecionados à medida que elas eram expostas aos agentes causadores de lesões ao material genético. A radiação e muitos agentes químicos, por exemplo, podem causar vários tipos de dano no DNA, como: a) quebra em uma ou em ambas as fitas da dupla hélice; b) perda ou substituição de nucleotídeos; c) quebra nos açúcares dos nucleotídeos; d) formação de pontes de ligação química covalente entre proteínas e o DNA, entre os nucleotídeos, entre as fitas da dupla hélice etc. Em todos os casos, o nível de dano dependerá da dosagem e do tempo de exposição das células ao agente mutagênico, ou seja, o agente causador da mutação. O local e o tipo de dano ao DNA também poderão determinar a gravidade com que a célula será afetada. Se um nucleotídeo foi perdido, modificado ou ligado covalentemente a outra molécula, o dano precisa ser consertado antes que a célula inicie a duplicação do DNA. Esse conserto acontece sempre antes de a célula entrar em divisão, seja na mitose, seja na meiose. Isso porque cada fita de DNA serve de molde para a confecção de novas fitas de maneira complementar e de modo semiconservativo.

As duas fitas do DNA são mantidas por interações químicas relativamente fracas, chamadas de pontes de hidrogênio, e a formação de pontes com ligações químicas mais fortes, como as ligações covalentes, são muito mais difíceis de serem rompidas. A radiação ultravioleta foi a primeira fonte de mutação do DNA a ser estudada e, devido a seu poder germicida, vem sendo amplamente empregada para causar danos letais em microrganismos em condições laboratoriais. Ela é usada para matar bactérias e fungos, tornando o espaço de manipulação do material biológico mais puro e esterilizado. Este mesmo tipo de radiação é produzida naturalmente pelo sol, sendo a grande responsável pelo desenvolvimento de câncer de pele.

Outro grupo de agentes causadores de danos ao DNA é o dos radicais livres. Eles são nocivos ao material genético por provocarem quebras simples na cadeia de DNA, permitindo a ligação cruzada de proteínas com o DNA. Esse tipo de ligação também pode tornar o DNA inacessível e não funcional, levando a célula, o tecido e/ou mesmo o organismo à morte.

Os mecanismos de reparo do DNA englobam um número variável de enzimas capazes de corrigir as lesões espontâneas e as causadas por agentes tóxicos. O reparo pode ser direto, com a enzima restabelecendo sua estrutura original, ou pode envolver a retirada de uma ou mais bases na região lesionada da fita, com o restabelecimento subsequente da sequência correta de nucleotídeos. Se o dano se estende a uma porção maior do DNA ou atinge ambas as fitas, outros sistemas enzimáticos são acionados para corrigir tais erros. Dentre as enzimas mais conhecidas nesses processos estão a *alquiltransferase*, que corrige danos causados por agentes alquilantes, a *fotoliase*, que depende da luz solar para reparar as pontes entre nucleotídeos e pode consertar diretamente a base quimicamente alterada, a *DNA glicosilase*, que reconhece e remove uma base nitrogenada danificada, e a *DNA ligase I*, capaz de ligar as pontas geradas por quebras nas cadeias de DNA.

Os mecanismos de reparo também atuam no processo natural de replicação do material genético, sendo o evento que assegura a fidelidade na produção de novas fitas polinucleotídicas idênticas, cujas informações serão passadas para células-filhas ou gametas. É importante ressaltar que o reparo do DNA precisa acontecer quando ele está descondensado, ou seja, em intérfase.

Alguns danos que atingem o DNA podem ser tão graves que os sistemas de reparo são incapazes de restabelecer a sequência nucleotídica original. Por outro lado, quando esses mecanismos de reparo não atuam, podem ser desenvolvidas diversas doenças teciduais, expressão dos genes modificados nas células afetadas, morte celular ou tecidual ou, ainda, transmissão do dano genético às células filhas. Se a mutação ocorre durante o processo de formação de gametas, a prole que a herdar poderá ser comprometida. No entanto, essas mesmas falhas nos mecanismos de reparo podem manter, por puro acaso, mutações benéficas que permitem a adaptação das células à presença do agente causador do dano. Isso é mais comum do que se imagina, principalmente em microrganismos. Um exemplo são as bactérias hospitalares resistentes a uma série de medicamentos e antibióticos. Durante muito tempo, vários microrganismos foram sendo combatidos com medicamentos cada vez mais potentes, que podem ou não causar modificações no DNA bacteriano. Mas esses medicamentos podem levar à seleção de bactérias mutantes, encontradas naturalmente em pequena quantidade no ambiente, como no hospital ou em algum paciente que lá se encontra. Nessa situação, mesmo que a maior parte dos indivíduos das colônias bacterianas acabe sucumbindo, determinado medicamento não terá o efeito desejado em 100% delas.

Um paciente que apresente uma ou poucas bactérias mutantes, ao ser tratado com esse antibiótico, terá uma melhora temporária, ou seja, somente enquanto esse medicamento estiver eliminando a maioria das bactérias suscetíveis que infectaram seu corpo. Entretanto, as poucas que sobrarem e que forem resistentes ao antibiótico não terão mais de competir com as suscetíveis. Elas poderão se proliferar indiscriminadamente, a menos que o paciente passe a ser tratado com um novo medicamento. Contudo, devido à vasta quantidade de microrganismos presentes no planeta, incluindo os que podem ser nocivos ao homem, existe uma grande probabilidade de encontrarmos algum que também

AVANÇOS DA BIOLOGIA CELULAR E DA GENÉTICA MOLECULAR

seja resistente a esse novo medicamento. Assim, quanto mais fazemos uso indiscriminado de antibióticos, mais aumenta a quantidade de bactérias resistentes. E, quanto mais bactérias resistentes, maior a chance de elas infectarem um maior número de indivíduos. É como uma loteria: quanto mais números você joga, maior é a sua chance de ganhar. Só que, nesse caso, o pior será justamente se você ganhar. Situação semelhante ocorre nas lavouras, onde inúmeras espécies de insetos, fungos e bactérias já não sofrem mais com os efeitos nocivos de determinados pesticidas. Assim, sempre são necessários novos compostos diante da seleção que ocorre após a aplicação desses produtos. E essa mesma linha de pensamento admitida em relação a agrotóxicos e pesticidas pode também ser aceita quando tratamos dos transgênicos.

2 Genes e projetos genoma

Introdução

A pesquisa em genômica no Brasil começou em 1997, e o primeiro projeto brasileiro que conseguiu acessar a sequência total de nucleotídeos de um organismo foi o Projeto Genoma da *Xylella fastidiosa*, a bactéria causadora da clorose variegada dos citros (CVC), ou praga do amarelinho. O estudo, concluído em 1999, levou o Brasil a uma posição de destaque mundial por ter sequenciado o organismo causador de uma doença em uma planta de grande importância econômica. Como consequência direta do sucesso desse projeto, vários pesquisadores passaram a estudar os genes que funcionavam para o desenvolvimento do caráter patogênico desta bactéria. Teoricamente, seria possível buscar alternativas para interromper a expressão dos genes causadores da patogenia e, consequentemente, livrar as lavouras dessa bactéria. Isso poderia ser alcançado, por exemplo, pela compreensão dos mecanismos envolvidos na biossíntese da goma xantana, uma substância viscosa produzida pela *Xylella* e uma das possíveis causadoras do entupimento dos vasos da laranjeira, o que causa o amarelecimento das plantas. Ou seja, a descoberta do processo de produção da xantana, poderia levar ao conhecimento para inibir sua produção.

O desafio de conhecer os genes para depois saber como eles funcionam é o foco de qualquer projeto genoma. Interromper ou estimular o funcionamento de determinado gene parece ser o processo mais eficaz quando buscamos manipular a informação genética para uso no setor produtivo ou em outras áreas, como na medicina preventiva.

Sequenciamento do DNA

Antes de abordarmos os principais aspectos de outros projetos genoma, é necessário entender como é possível sequenciar o DNA de um organismo. Isso porque todos os projetos genoma dependem da tecnologia do sequenciamento dos nucleotídeos que compõem uma cadeia de DNA.

O processo envolve a amplificação do trecho a ser sequenciado em uma reação que utiliza alguns nucleotídeos alterados misturados com nucleotídeos normais. É importante lembrar que a molécula de DNA é formada por uma unidade que se repete, chamada de nucleotídeo. O nucleotídeo é formado por uma base nitrogenada, que pode ser a adenina, timina, citosina ou a guanina, que é ligada a um açúcar de cinco carbonos chamado de pentose. Este açúcar é ligado a um grupamento fosfato. Os nucleotídeos vizinhos em uma mesma fita de DNA são unidos covalentemente em uma junção do tipo pentose (carbono 5) – grupamento fosfato – pentose (carbono 3 do próximo nucleotídeo). As duas fitas da molécula de DNA são mantidas juntas por interações químicas fracas do tipo ponte de hidrogênio, entre as bases nitrogenadas adjacentes. Desse modo, as bases se formam entre a adenina de uma fita e a timina da outra (duas pontes), e a citosina de uma fita e a guanina da outra (três pontes). É esse princípio de pareamento entre as bases nitrogenadas das duas fitas que permite a duplicação natural ou artificial da molécula de DNA. Isso porque, tendo uma única fita de DNA como molde, é possível inferir qual deverá ser a sequência correta da fita complementar. Nas reações de sequenciamento, o DNA é amplificado artificialmente em uma solução contendo nucleotídeos normais e alterados. Quando um nucleotídeo normal é incorporado à nova fita, a sua síntese prossegue normalmente. Quando é inserido o nucleotídeo alterado, esta síntese é interrompida e não consegue prosseguir. (veja a Figura 1). Como na molécula de DNA existem os nucleotídeos de adenina, citosina, guanina e timina, é preciso montar quatro reações de amplificação de DNA em separado. Cada reação conterá: i) o DNA molde a ser sequenciado; ii) uma porção de nucleotídeos normais; iii) uma porção de nucleotídeos alterados para uma das quatro bases nitrogenadas; iv) um marcador radioativo ou fluorescente ligado ao nucleotídeo alterado; e v) uma enzima capaz de polimerizar uma nova fita de DNA, ou seja, uma DNA polimerase. Por exemplo, no frasco em que houver uma mistura de nucleotídeos de adenina normais e alterados, quando este último for incorporado à nova fita de DNA, a sua síntese será interrompida, gerando um fragmento de DNA de determinado tamanho. Neste ponto de interrupção a fita de DNA ficará marcada com um composto fluorescente. Para a identificação correta dos nucleotídeos, cada uma das quatro bases nitrogenadas alteradas terá um composto fluorescente de cor específica. Como são montadas quatro reações, cada uma com um tipo diferente de nucleotídeo alterado, basta colocar os quatro produtos para migrar lado a lado em um mesmo gel de eletroforese. Durante a corrida eletroforética, os fragmentos submetidos à amplificação serão separados de acordo com o seu tamanho, sendo que os menores migrarão à frente do gel e os maiores seguirão atrás. À medida que esses fragmentos passam pela porção final do gel, um leitor acoplado a um computador interpreta o sinal fluorescente. Por exemplo, se o primeiro nucleotídeo do trecho a ser conhecido for a adenina, os primeiros fragmentos a chegar emitirão a cor vermelha. Se o segundo nucleotídeo for a timina, logo em seguida será detectada a cor verde, e assim por diante. Somente a partir dos anos 90, com os avanços nos métodos de estudos moleculares e de análise dos dados, incluindo aí programas e computadores mais potentes, é que foi possível desenvolver os projetos genoma com mais segurança e em uma velocidade maior. Atualmente, as reações de sequenciamento são realizadas em aparelhos automatizados que conseguem sequenciar centenas de fragmentos de DNA por dia. Conforme ocorre a polimerização, os nucleotídeos marcados são automaticamente identificados pelo sinal de fluorescência, e a sequência é organizada por um *software* desenhado especificamente para isso.

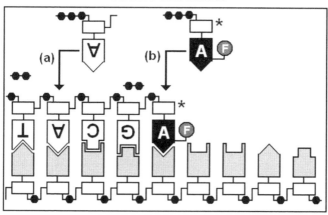

(1) Amplificação do DNA com bases normais e bases marcadas:

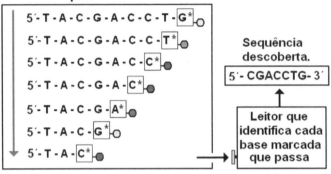

FIGURA 1. OS DIFERENTES ESTÁGIOS DO PROCESSO DE SEQUENCIAMENTO AUTOMATIZADO DO DNA : (1) AMPLIFICAÇÃO DE UM SEGMENTO DE DNA MOLDE DESCONHECIDO (REPRESENTADO PELA FITA COM AS BASES NITROGENADAS EM TOM DE CINZA) UTILIZANDO NUCLEOTÍDEOS NORMAIS (1A) E ALTERADOS (1B), SENDO NESTE EXEMPLO UM NUCLEOTÍDEO DE ADENINA. OS NUCLEOTÍDEOS ALTERADOS TAMBÉM VÊM MARCADOS COM UM COMPOSTO FLUORESCENTE (REPRESENTADO PELA LETRA F). SE O NUCLEOTÍDEO NORMAL FOR INCORPORADO (COMO ACONTECE EM 1A), A SÍNTESE DA FITA DE DNA CONTINUA. MAS SE, AO CONTRÁRIO DISSO, FOR INCORPORADO O NUCLEOTÍDEO ALTERADO (COMO EM 1B), A SÍNTESE É INTERROMPIDA. PORTANTO, APÓS ALGUM TEMPO, TEREMOS NOVAS FITAS DE DNA DE DIFERENTES TAMANHOS. (2) DEPOIS QUE ESSAS FITAS DE DNA SÃO OBTIDAS, ELAS SÃO SEPARADAS DE ACORDO COM O TAMANHO, EM UM CAMPO ELETROFORÉTICO. (3) NO FINAL DO PROCESSO, UM LEITOR A LASER DETECTA CADA NUCLEOTÍDEO MARCADO COM UM FLUOROCROMO DE COR DIFERENTE E UM COMPUTADOR ORGANIZA A ORDEM DE CHEGADA DESSES FLUOROCROMOS, OBTENDO ASSIM A SEQUÊNCIA DA REGIÃO ANALISADA.

Projetos genoma

Embalados pelo sucesso do Projeto Genoma Humano, que envolveu centenas de laboratórios de todo o mundo, e, no Brasil, pelo Projeto Genoma da *Xylella*, outros projetos genoma foram posteriormente iniciados. Um deles foi o Projeto Genoma dos Bovinos, que surgiu em 1999 a partir de um consórcio internacional e foi finalizado em 2009. Ele teve como objetivo aumentar a quantidade de informações, já obtidas por outras metodologias de estudo, bem como permitir novos avanços no melhoramento genético do gado, além daqueles já conseguidos até então.

No Brasil, os programas de melhoramento genético de bovinos de corte avançaram muito nos últimos anos em razão da seleção de animais que continham características relacionadas à produtividade, como ganho de peso para o abate e eficiência reprodutiva das matrizes. Os maiores avanços em ganho genético vieram após o desenvolvimento da inseminação artificial, da captura de células geradoras de gametas femininos (ovócitos), da fecundação e cultivo *in vitro* e da transferência de embriões.

Essas tecnologias de seleção, associadas aos princípios da genética quantitativa, têm sido extremamente úteis na busca de indivíduos geneticamente competentes e têm contribuído bastante para reduzir o tempo de seleção, trazendo rapidez e vantagem econômica à pecuária. No entanto, outras características de interesse, como resistência a doenças, desenvolvimento muscular, adaptabilidade e fertilidade, têm sido mais difíceis de avaliar. O avanço tecnológico na análise molecular do genoma dos animais tem contornado essas limitações e ajudado nos programas de seleção. Um tipo de análise útil para essa finalidade é o de marcadores de DNA associados às características de interesse. Com ele, os pesquisadores buscam identificar a presença ou ausência de marcadores genéticos no genoma dos animais para dirigir os futuros cruzamentos. Essa tecnologia pode proporcionar a predição do valor genético dos animais estudados, caso a caso, mesmo quando eles ainda não expressaram tais características, como por exemplo, em bezerros ou embriões. Isso é possível porque, nos estudos de marcadores de DNA, o genoma desses animais pode ser analisado a partir de amostras de sangue e de tecidos do embrião.

A maior vantagem dessa tecnologia está na diminuição do intervalo de tempo gasto na produção de descendentes com a qualidade desejada, já que a escolha dos reprodutores pode ser feita de maneira mais precoce. Além disso, as estimativas de ganho para os diferentes cruzamentos se tornam maiores. Portanto, essas metodologias possibilitam a busca por genes desejáveis em bancos de germoplasma ou em populações de raças puras ou melhoradas, antes mesmo que os cruzamentos sejam iniciados.

Outro projeto ambicioso é o mapeamento do genoma dos cães. Um dos argumentos utilizados para justificá-lo é que temos histórias evolutivas paralelas em decorrência da domesticação dos cães. Embora essa relação não tenha uma data de início precisa, alguns estudiosos arriscam afirmar que este processo possivelmente se iniciou entre dez e quinze mil anos atrás. Durante o processo de domesticação foram desenvolvidas práticas de cruzamento controlado por diferentes criadores, o que acabou distribuindo a diversidade genética original dessa espécie entre as diferentes raças. Isso levou ao aparecimento de grupos de características tão específicas em cada grupo que, se estudarmos mais profundamente o genoma desses animais, será possível descobrir os agrupamentos de genes envolvidos na determinação de cada raça. Isso poderá ser útil para a compreensão das bases hereditárias de diferentes características complexas hoje ainda não completamente determinadas.

Um fato interessante é que existe uma estimativa de que os genomas dos humanos e dos cães sejam parecidos entre 80 e 90%. Até hoje, foram detectadas nestas duas espécies algumas dezenas de genes idênticos e uma série de doenças genéticas comuns, como a cegueira hereditária, a epilepsia, a distrofia muscular, entre outras. Se pensarmos que essa relação de semelhança é de 99% entre o homem e o chimpanzé, a estimativa de semelhança entre humanos e cães não parece tão absurda. Ou seja, uma vez completado o Projeto Genoma do cão, os pesquisadores poderão, em parte, ajudar a desvendar muitos dos aspectos genéticos também encontrados nos humanos, bem como propor diretrizes para cruzamentos inversos àqueles que vêm sendo feitos no melhoramento das raças caninas. Neste último aspecto, a ideia é avaliar as combinações que trouxeram à tona inúmeras doenças genéticas para tentar erradicá-las das diferentes raças.

Outro Projeto Genoma relevante é o da *Schistosoma mansoni*, em que já foram interpretados os códigos de centenas de genes associados aos estágios de vida do parasita causador da esquistossomose, criando novas perspectivas para o combate à doença. Há também o Projeto Genoma da *Leifsonia xyli*, que busca decifrar o código genético dessa bactéria que ataca a cana-de-açúcar e reduz em até 27% a biomassa aproveitável para a produção de açúcar e álcool. Outros também desenvolvidos na área agrícola são: os Projetos Genoma da Cana-de-açúcar, do *Eucalyptus* e do Café.

O Projeto Genoma da Cana-de-açúcar foi iniciado em 1998 em virtude da grande importância desse produto para as economias brasileira e mundial. A cana-de-açúcar é cultivada em mais de oitenta países e tem um significado especial para o Brasil, uma vez que este lidera a lista dos países produtores, garantindo 25% da produção mundial, além de ser o carro-chefe dos biocombustíveis. Cerca de trezentos milhões de toneladas de cana são utilizadas como matéria-prima na produção de 14,5 milhões de toneladas de açúcar e 15,3 bilhões de litros de álcool, além da produção de energia elétrica da queima do bagaço. O Projeto Genoma da Cana-de-açúcar visa a identificação dos genes responsáveis pelo metabolismo da sacarose, dos genes relacionados à resistência da planta aos agentes patogênicos, além de outros envolvidos na tolerância da cana a condições adversas do solo. Com os resultados desse projeto, espera-se que seja possível desenvolver e cultivar variedades mais rentáveis e mais adequadas às diferentes regiões do Brasil e do mundo.

O Projeto Genoma do Café, igualmente de grande importância para o Brasil, foi iniciado em 2002. No primeiro ano de atividades, foi construída uma biblioteca de DNA complementar (cDNA) com vários tecidos da planta, como folhas, raízes, frutos e flores. Com isso, já foram registradas cerca de oitenta mil sequências gênicas. As pesquisas se concentram na espécie *Coffea arabica*, que responde por cerca de 70% da produção nacional. Entretanto, também estão sendo obtidas sequências de outras espécies, como *C. canephora* e *C. racemosa*, naturalmente resistentes a pragas e doenças. Essa empreitada tem como objetivo buscar informações contidas nos genes do cafeeiro que sejam úteis para o desenvolvimento, por exemplo, de variedades resistentes a pragas e doenças, tolerantes a diferentes características ambientais, que desenvolvam frutos de amadurecimento uniforme e que apresentem melhor aroma, sabor e teor de cafeína.

Genomas funcionais

Como exposto anteriormente, uma pequena parte dos genomas dos eucariontes codifica genes expressos em moléculas de RNA, sendo, portanto, responsável direta pelas cadeias polipeptídicas e proteínas expressas nos organismos. Assim, muitos pesquisadores têm voltado seus esforços para tentar compreender quando, como e onde determinados genes são acionados para produzir as proteínas relacionadas aos diferentes tecidos e situações biológicas específicas. Esta nova linha de investigação científica foi chamada de genoma funcional. Em alusão ao termo "genoma", foram criadas palavras como "transcriptoma", para referir ao conjunto de moléculas de RNA produzidas por determinado genoma, e também a palavra "proteoma", para a fração do genoma que serve para codificar a síntese de polipeptídeos e proteínas. Nessa nova área da Genética, os estudos são voltados à descoberta dos genes que são ativamente transcritos nos diferentes tecidos, organismos e espécies, buscando resolver problemas associados ao bem-estar do ser humano.

As pesquisas sobre o genoma funcional dependem, em primeiro lugar, da análise de todos os genes, ou de pelo menos parte deles, que são transcritos em RNAs e que culminam na produção de proteínas. Uma maneira de conseguir isso é pela extração de moléculas de RNA mensageiro diretamente das células ou tecidos de interesse. Em seguida, com o uso de uma enzima viral, conhecida como transcriptase reversa, são sintetizadas moléculas de DNA (mais precisamente cDNA ou DNA complementar) a partir do RNA extraído dessas células. Esses segmentos de cDNA, conhecidos como ESTs ou Etiquetas de Sequências Expressas, podem então auxiliar na localização de genes inteiros, potencialmente ativos em outros tecidos, outros organismos ou mesmo outras espécies.

Depois que um conjunto de cDNAs foi produzido, esses podem ser clonados milhares de vezes para serem guardados em um banco de genes e/ou utilizados em diferentes estudos. Além disso, quando determinado cDNA é sequenciado, essa informação pode ser disponibilizada nos bancos virtuais de genes, como o *GenBank* e comparada às sequências já presentes nesses bancos. Isso pode ajudar a identificar a função ou a semelhança desses trechos de DNA com outros já caracterizados e descritos por outros pesquisadores. Desde 1994 está disponível na internet, gratuitamente, o sistema de pesquisa Entrez, do National Center for Biotechnology Information (NCBI) (http://www.ncbi.nlm.nih.gov/sites/gquery), que permite aos cientistas do mundo inteiro pesquisar sobre qualquer sequência de proteína, DNA, estrutura de macromoléculas, genomas etc.

Um exemplo prático da aplicação dessa técnica é o projeto intitulado Genoma Funcional do Boi, que vem sendo desenvolvido no Brasil com o apoio da Fundação de Amparo à Pesquisa do Estado de São Paulo (FAPESP) em conjunto com empresas privadas. O foco está direcionado aos animais da raça Nelore, considerada a mais importante da bovinocultura brasileira, e o projeto busca a identificação estrutural e funcional de genes envolvidos com características como o crescimento, qualidade da carne, sanidade e eficiência reprodutiva, que são importantes para tornar a pecuária nacional mais desenvolvida e competitiva no mercado externo. O DNA extraído de diferentes tecidos é utilizado para se buscarem sequências de DNAs que sejam transcritas em cada tecido ou órgão desses animais, partindo-se da premissa que nesse conjunto poderão ser identificados os genes de interesse.

Biochips de DNA

O interesse dos pesquisadores em usar a tecnologia dos genomas funcionais para descobrir os genes expressos em determinadas situações, tecidos ou organismos acabou por estimular o aparecimento de metodologias mais rápidas e eficazes para a geração de dados. Surgiram assim os micro e macroarranjos (do inglês *microarrays e macroarrays*) de DNA, ou simplesmente *biochips*. Esta metodologia surgiu como consequência da combinação das técnicas em eletrônica comumente empregadas na produção de microcomputadores com as técnicas de biologia molecular e de engenharia genética. A ideia central dessa associação foi, assim como nos computadores, gerar um número elevado de informações genéticas em curto espaço de tempo, pois essa tecnologia possibilita a análise de inúmeras características genéticas ao mesmo tempo. Um *biochip* nada mais é do que uma lâmina de vidro ou pastilha de silicone de poucos centímetros de diâmetro contendo, de maneira ordenada, milhares de sondas diferentes de DNA unifilamentar com funções conhecidas no metabolismo. Cada sonda fixada nessa placa corresponde a um trecho específico de um determinado gene. Sobre essa lâmina, ou *biochip*, os pesquisadores adicionam RNA ou cDNA do tecido de interesse marcado com nucleotídeos fluorescentes. Caso eles sejam complementares a algumas das sequências de DNA unifilamentar presas ao *biochip*, recomporão a estrutura de fita dupla por meio de pontes de hidrogênio, como a encontrada naturalmente nesta molécula. As sequências não complementares não formarão pontes de hidrogênio e serão perdidas ao longo do procedimento técnico de lavagem do *biochip*. Como as moléculas que permaneceram aderidas ao *biochip* estão marcadas com fluorocromos, o sinal de fluorescência poderá ser observado e medido com o auxílio de um *scanner* automatizado. Sabendo-se a posição de cada sonda específica, é então possível determinar quais genes estão ativos e inativos no tecido estudado. Milhares de fragmentos de ESTs podem ser estudados simultaneamente por meio da técnica de *biochips*. Esta metodologia tem sido amplamente empregada em estudos de expressão de genes, detecção de mutações e de polimorfismos, diagnósticos clínicos, bem como na medicina preventiva.

Um exemplo prático da relevância dessa tecnologia é o Projeto Genoma do *Eucalyptus*. Por meio do uso dos fragmentos de ESTs, já foram identificados quase quarenta mil genes dessa espécie, dos quais sete mil são novos, ou seja, ainda não haviam sido descritos e, portanto, não constavam do banco virtual de genes *GenBank*. Esses genes podem fornecer informações sobre o modo de funcionamento de várias vias metabólicas, como aquelas relacionadas ao crescimento e à produção de madeira. A análise conjunta de centenas ou milhares de ESTs via *biochips* é também útil para compreender um pouco mais sobre, por exemplo, as vias metabólicas relacionadas à síntese das fibras de celulose, matéria-prima do papel, e da lignina, substância que se deposita nas paredes das células vegetais e que confere resistência à madeira. Segundo os pesquisadores do consórcio que administra o Projeto Genoma do Eucalipto, a lignina corresponde a até 25% da composição da madeira. A quantidade de lignina pode regular o modo de extração da celulose e tornar o produto mais caro ou mais barato. Esse mesmo tipo de estudo pode ser empregado na busca de genes que proporcionam maior resistência a doenças, no desenvolvimento de plantas adaptadas a regiões com escassez de água ou, ainda, regiões mais frias, onde elas normalmente não se desenvolvem bem.

Além disso, os *biochips* têm sido empregados nas pesquisas sobre as causas genéticas do câncer. Saber quais genes estão ativos e inativos em células normais e tumorais é fundamental para tentar descobrir uma cura para este mal, como será visto mais adiante.

O Projeto Genoma Humano

De todos os projetos genoma vistos até agora, o mais ambicioso e talvez mais importante na história da humanidade é, sem dúvida alguma, o Projeto Genoma Humano. Ele envolve o trabalho de milhares de cientistas e centenas de laboratórios de todo o mundo em um tema central, cujo objetivo maior é decifrar a sequência completa dos nucleotídeos que compõem o genoma humano.

Foram investidos bilhões de dólares nesse projeto. Para algumas pessoas, esses dólares poderiam ter sido usados para fornecer alimento aos menos favorecidos; no entanto, para outras, é a maior oportunidade de acessar informações necessárias para escrever, em termos genéticos, o "livro de nossa vida". Entender como o genoma humano está organizado traz possibilidades de benefícios e aplicações não apenas para a biologia, mas também para as áreas social, econômica e cultural, desde que todos tenham acesso a esse conhecimento.

Notícias veiculadas nos mais diversos meios de comunicação apontaram a descoberta de novas sequências, bem como o sequenciamento completo de vários cromossomos, como é o caso do cromossomo 21, conhecido por estar envolvido na síndrome de Down. No início de 2001, as duas revistas científicas mais importantes do mundo, a *Nature*, do Reino Unido, e a *Science*, dos Estados Unidos, publicaram a sequência definitiva do genoma humano com 99,9% de confiabilidade. Apesar do grande feito e das inúmeras notícias que têm chegado a público a respeito dessa importante conquista científica, muitas perguntas precisam ser respondidas, especialmente para o cidadão comum:

- O que é o Projeto Genoma Humano?
- Quais serão os benefícios reais para a humanidade?
- Uma vez conhecidas todas as sequências, o que fazer com esses A, G, T e C?
- Quanto o genoma humano tem em comum com os genomas de outros organismos?
- Até mesmo de maneira mais filosófica, o que nos faz humanos?

Hoje sabemos que nosso genoma é formado por algo em torno de 20 a 25 mil genes, um pouco mais que o número encontrado no genoma da famosa mosca *Drosophila melanogaster*. Outro fato que chama a atenção é que muitos dos genes humanos, incluindo alguns relacionados ao desenvolvimento de doenças genéticas, também foram descritos em outros organismos vertebrados e até mesmo em invertebrados.

No entanto, talvez o resultado mais intrigante seja a similaridade entre alguns genes humanos e os de bactérias. Outro dado que também nos deixa fascinados é que o genoma humano é constituído por cerca de três bilhões de pares de bases nitrogenadas, um número similar ao encontrado nos camundongos e em outros vertebrados. Portanto, a primeira conclusão à qual podemos chegar é: o que nos faz humanos, e não camundongos, certamente não é a quantidade de DNA. O próximo desafio dos cientistas é decifrar quais das inúmeras sequências compostas pela combinação de As, Ts, Cs e Gs correspondem a cada um dos nossos genes funcionais, para, talvez um dia, manipular tais informações em nosso benefício.

Um grande feito, quando tratamos do assunto "genoma humano", foi a criação de um banco de dados de acesso livre na internet (*GeneBank*), em que todas as sequências já descritas estão disponibilizadas para consulta. Além de permitir a comparação de sequências gênicas obtidas de diversos genomas, incluindo espécies de microrganismos, plantas e animais, esse banco de genes ainda auxilia o descobrimento da função de cada gene e, possivelmente, a relação de determinados genes com o desenvolvimento de doenças, desde que sequências similares já estejam neles depositadas.

A melhoria e a simplificação dos métodos de diagnóstico e prevenção de doenças genéticas, bem como a otimização terapêutica destas, já seriam boas justificativas para o imenso investimento feito no conhecimento da sequência de DNA do genoma humano. No entanto, o projeto pode ter um desfecho pouco proveitoso para a sociedade caso as informações não sejam disponibilizadas com responsabilidade científica e as interpretações que venham a ser tiradas dessas informações não sejam utilizadas de maneira ética. O conhecimento

AVANÇOS DA BIOLOGIA CELULAR E DA GENÉTICA MOLECULAR

gerado pelo Projeto Genoma Humano deve ser considerado *patrimônio da humanidade* e, em hipótese alguma, deve ser transferido para um ou poucos grupos para fins puramente comerciais. O rápido progresso da ciência e a enxurrada de promessas de qualidade de vida oriundas desse projeto não podem e não devem estar vinculadas apenas à transferência de tecnologia para o setor privado. Isso significaria muito poder para certos grupos econômicos, mesmo que tenham investido muito na produção de tais conhecimentos. Esse tipo de conhecimento não pode ser empregado para gerar insegurança, desrespeito à liberdade, danos à dignidade e ao direito dos seres humanos de hoje e das futuras gerações.

Um dos casos mais absurdos do uso incorreto do patrimônio genético da humanidade já registrado foi o anúncio de venda *on-line* de amostras de DNA de índios brasileiros pela empresa de biotecnologia americana Coriell Cell em 1996. Esse tipo de comportamento apunhala os ideais sociais do Projeto Genoma Humano, uma vez que o genoma de cada cidadão é patrimônio particular e deve ser protegido por lei. É importante que todos tenham a clareza de que, em hipótese alguma, nenhum experimento científico, teste ou investigação relacionado ao genoma humano, bem como suas aplicações, poderá sobrepujar os direitos inerentes aos seres humanos.

Outras considerações importantes sobre esse tema são: i) o que fazer quando realmente dispusermos de todas as informações sobre o genoma humano? ii) quais serão os limites a que poderemos chegar no que se refere à manipulação dos genes de nossa espécie? iii) até que ponto teremos condições e o direito de escolher as características que serão transferidas para as próximas gerações, e quem terá acesso a essa tecnologia? É real que, em um futuro não muito distante, poderemos gerar filhos sem propensão ao diabetes, à pressão alta ou a doenças cardíacas? Até onde poderemos estender nosso leque de escolha? Vale lembrar que essa é uma questão tão polêmica quanto as discussões sobre o aborto, a pena de morte, o homossexualismo etc. Portanto, é fundamental que a humanidade tenha uma compreensão mais profunda desse assunto, pois futuramente teremos que estender a discussão política e legal para questões moral e eticamente fundamentais.

Um importante descendente do Projeto Genoma Humano foi o do genoma humano do câncer. Ele teve início em 1999 e, apenas no primeiro ano de atividade, identificou cerca de um milhão de sequências de DNA provenientes de células tumorais de casos registrados no Brasil. Com base nas inúmeras sequências gênicas descobertas nesse projeto, os pesquisadores começaram a aplicar as informações obtidas sobre os genes e sua expressão no desenvolvimento de novas tecnologias baseadas no DNA. Essas informações estão sendo empregadas, por exemplo, para diagnosticar e tratar vários tipos de neoplasias. Os objetivos principais desse projeto, assim como dos demais projetos genoma, são decifrar a sequência de nucleotídeos e entender como os genes funcionam em situação de normalidade e por que eles podem, em determinadas situações, participar do desenvolvimento de neoplasias. Ou seja, compreender o funcionamento dos genes é o primeiro passo para diagnosticar e determinar os riscos genéticos. Com isso, espera-se gerar informações para auxiliar na busca de tratamentos mais eficientes e fisicamente menos desgastantes para os doentes de câncer, com base, por exemplo, em tecnologias dirigidas à inativação ou ativação de genes envolvidos no controle celular natural de processos neoplásicos.

Sabe-se que o efeito cumulativo de mutações em muitos genes está associado à gravidade de vários quadros clínicos de câncer e, ainda, que um grupo de genes pode levar ao desenvolvimento de neoplasias. Sabe-se também que genes parecidos podem levar ao desenvolvimento de tumores diferentes. Isso foi observado, por exemplo, em dois tipos de tumores de cérebro que apresentavam quadros clínicos opostos em relação à agressividade, um de crescimento lento e restrito (benigno) e o outro com elevado poder de invasão em diferentes tecidos (maligno). No início das pesquisas, os cientistas acreditavam que poucos genes poderiam estar relacionados à capacidade de invasão das células malignas em tecidos sadios. Com base nos resultados do sequenciamento desenvolvido pelo Projeto Genoma Humano do Câncer, os cientistas estudaram cerca de vinte mil genes humanos, dos quais apenas 110 funcionaram de modo diferente nas células dos dois tumores. Pouco menos da metade funcionava no tipo benigno, e a maioria estava ativa na forma invasora ou maligna. No entanto, o dado mais alarmante foi que 27% dos genes mais ativos nos tumores mais graves estavam relacionados à reprodução das células malignas.

Como visto anteriormente, no tópico sobre *biochips* de DNA, para estudar a atividade dos genes, os cientistas utilizam os ESTs, que representam as porções de genes funcionais. O Projeto Genoma Humano do Câncer produziu milhares dessas sequências expressas para cerca de três quartos de todos os genes conhecidos do homem. Com isso, os pesquisadores conseguiram registrar o número provável de genes que funcionam em determinado tecido. Por exemplo, nas células do pulmão, funcionam cerca de 13.400 genes; já nas células de mama funcionam cerca de 10.400 genes. Essa informação nos remete a uma pergunta antiga, que pode ser agora respondida de modo qualitativo: por que as células de alguns tecidos, como as do fígado, têm forma e funcionamento distintos daquelas dos demais tecidos do corpo, como os neurônios, músculos etc., já que elas possuem o mesmo material genético? Acontece que resposta a esta pergunta já está sendo dada: em tecidos diferentes podem funcionar genes ou combinações gênicas diferentes. De fato, o DNA de uma pessoa é praticamente idêntico em todas as células de todos os tecidos. No entanto, nem todos os nossos 20-25 mil genes funcionam de forma igual em todas as células. E é justamente esse tipo de informação, ou seja, quais genes funcionam em quais tecidos, o ponto--chave para o desenvolvimento de novas biotecnologias para o tratamento de doenças.

Diante de tudo o que foi comentado neste capítulo, pode-se concluir que os mais diversos projetos genomas que atualmente estão sendo desenvolvidos buscam, independentemente do organismo analisado, ferramentas capazes de fornecer aos pesquisadores uma visão geral do funcionamento de uma célula ou um tecido e de como eles podem responder às diferentes situações fisiológicas ou patológicas. Todas as sequências de DNA que podem se expressar na forma de RNA mensageiro, bem como todas as formas de proteínas codificadas por esses RNAs, isso tudo está sendo empregado em estudos para decifrar os caminhos do metabolismo celular, a resistência a doenças, a adaptação às modificações ambientais, a produção de compostos químicos secundários, o desenvolvimento de tecidos tumorais e muitas outras pesquisas que possam trazer algum benefício à humanidade.

3 Genética molecular na medicina preventiva e em outras aplicações

Introdução

A história da humanidade é repleta de relatos de moléstias que acometeram um número considerável de pessoas em diferentes povos, épocas e lugares. A peste negra ou bubônica, causada pela bactéria *Yersinia pestis*, que assolou a Europa no século XIV; ou a varíola, que matou milhões de pessoas ao redor do mundo durante século XX, são apenas dois dos exemplos. Somente após o acúmulo de muita informação pudemos conhecer melhor as verdadeiras causas, bem como a maneira mais eficiente de evitar muitos desses males. Por exemplo, embora as bactérias tenham sido descobertas em 1683 pelo holandês Antoni van Leewenhoek, somente na segunda metade do século XIX, com os trabalhos de Louis Pasteur e de Robert Kock, elas passaram a ser associadas às doenças. Foi o próprio Pasteur o responsável por criar e difundir os primeiros métodos de esterilização de substâncias e equipamentos, incluindo os cirúrgicos, algo que por muito tempo não foi sequer cogitado.

Os vírus, descobertos em 1892 por Dmitri Ivanowsky, foram isolados e observados em microscópios somente em 1935. O desenvolvimento das vacinas foi mais um avanço importante. Este foi iniciado no Ocidente com os trabalhos do naturalista inglês Edward Jenner, que descobriu que a inoculação do vírus da varíola bovina em humanos era capaz de nos proteger contra a varíola. Nesse mesmo sentido, podemos citar o desenvolvimento da vacina antirrábica para humanos por Louis Pasteur em 1885 e a descoberta dos antibióticos por Alexander Fleming em 1928. A penicilina de Fleming foi o primeiro antibiótico produzido em grande escala a partir de 1940, processo esse impulsionado pela explosão da Segunda Grande Guerra, que trouxe a necessidade de diminuir as baixas provocadas por infecções nos soldados feridos.

Graças a essas descobertas, a medicina pôde desenvolver métodos mais eficientes de combate e prevenção de doenças. Isso tem sido fundamental para o aumento da expectativa de vida observado nos últimos tempos nas populações de vários países. Foi a associação de medidas profiláticas adequadas, tais como o saneamento básico e o tratamento da água, combinadas com terapias mais eficientes que moléstias como o cólera, a lepra e a tuberculose deixaram de matar milhares de pessoas mundo afora. De fato, algumas doenças foram completamente dizimadas em algumas regiões do planeta, como é o caso da varíola. Por outro lado, outros males dos quais já havíamos nos esquecido, como a tuberculose, têm voltado a ser notícia, especialmente nos países subdesenvolvidos, em razão da baixa qualidade vida e da falta de higiene. Diante disso, é importante conhecermos um pouco das novas tecnologias de prevenção e tratamento que vêm surgindo como fruto do grande avanço das pesquisas genéticas no Brasil e no mundo, bem como do emprego da genética molecular em outras áreas relacionadas.

Vacinas de DNA

Em 1904, o sanitarista Oswaldo Cruz iniciou um programa de vacinação massiva no Rio de Janeiro. Esse procedimento foi tomado em virtude da ocorrência de inúmeras mortes provocadas por peste bubônica, febre amarela, varíola e outras doenças. O interessante é que, naquela época, houve certo pânico na população, pois muitos acreditavam que esse programa de vacinação visava a contaminação coletiva e o extermínio das pessoas pobres. Obviamente, a campanha foi um sucesso, e centenas ou milhares de pessoas foram beneficiadas. Desde então, novas tecnologias vêm sendo desenvolvidas, com uma grande tendência para que as vacinas tradicionais sejam substituídas gradativamente por um tipo revolucionário conhecido como de *vacina de DNA*.

Conhecida também como vacina gênica, ela é obtida com base no isolamento de determinado gene ou de um trecho do material genético do agente patogênico (vírus, bactéria, protozoário ou outro organismo), de preferência um que produza alguma proteína capaz de induzir uma boa resposta imunológica no organismo-alvo. O próximo passo é ligar esse fragmento de DNA a um vetor de clonagem, ou seja, uma molécula de DNA que permita que esse fragmento seja copiado milhares de vezes e que, ao mesmo tempo, permita a inoculação e expressão desse fragmento no indivíduo a ser imunizado. Depois de juntado o vetor de clonagem com o fragmento de DNA de interesse, esse pode ser inoculado por meio de injeção intramuscular ou aerossol. Antes de continuarmos, é interessante saber como é produzido o complexo composto pelo vetor de clonagem e o fragmento de DNA escolhido.

Se o trecho do DNA do parasita o qual contém o gene de interesse já for conhecido, basta amplificá-lo por reação em cadeia da polimerase (PCR) para que milhares de cópias desse segmento sejam obtidas. A enzima Taq polimerase utilizada na reação de PCR produz fitas que terminam com o nucleotídeo adenina (A). Esses são unidos a um vetor de clonagem clivado com uma enzima de restrição (proteína capaz de cortar as moléculas de DNA em certos trechos específicos) capaz de gerar uma ponta com o nucleotídeo timina (T). Assim, as duas extremidades, com A e T, podem ser ligadas pela enzima T4 DNA ligase para o vetor circular ser novamente fechado contendo o inserto, que é o fragmento de DNA gerado por PCR.

Os plasmídeos e os vírus que infectam bactérias são exemplos de vetores bastante utilizados na produção em grande escala desse tipo de moléculas híbridas. Isso acontece pela relativa facilidade de manipulação desses elementos, bem como pelo fato de as bactérias se multiplicarem rapidamente e requererem espaços reduzidos para sua criação. Essa mesma lógica é usada para produzir uma proteína transgênica, tal como para a insulina, utilizada por muitos diabéticos. Nesse caso, basta estimular a bactéria geneticamente modificada a se multiplicar em um meio de cultura rico em nutrientes. Com isso ela acaba expressando o gene que foi inserido, produzindo então milhares de cópias da proteína de interesse.

Voltando às vacinas de DNA, depois que o complexo vetor/ fragmento é produzido, ele é purificado para, em seguida, ser inoculado no organismo-alvo, que poderá ser um animal de criação doméstica ou comercial ou até mesmo um humano.

As primeiras vacinas de DNA foram testadas em 1993 por pesquisadores de indústrias farmacêuticas. Eles demonstraram que a injeção intramuscular do gene que codifica uma proteína do vírus *influenza* (causador da gripe) poderia ser utilizada para imunização de camundongos contra essa virose. Esse fato causou enorme repercussão no setor produtor de vacinas contra agentes infecciosos, uma vez que essa metodologia pode trazer mudanças profundas na forma como essas poderão ser elaboradas em um futuro não tão distante. Com base nesse feito, foram desenvolvidas vacinas de DNA contra uma série de agentes patogênicos, as quais foram testadas em muitos animais.

Em 1994, a Organização Mundial de Saúde realizou um encontro sobre vacinas, no qual foram apresentados os primeiros resultados obtidos no Brasil da vacina de DNA contra a tuberculose. Atualmente, a tecnologia está muito avançada, e vacinas contra HIV, gripe e outras enfermidades já foram testadas com sucesso em primatas, estando em fase de testes pré-clínicos em humanos. Em 2008, a Fundação Oswaldo Cruz divulgou que obteve êxito na produção de uma vacina de DNA contra a febre amarela utilizando fragmentos de DNA do vírus que induzem a proteção contra a doença. Os primeiros testes demonstraram que ela é 100% eficaz e que, ao contrário da vacina convencional aplicada atualmente, não provoca efeitos colaterais, sendo mais estável e segura.

Mas como a vacina de DNA funciona? Na vacinação, o indivíduo recebe uma dose do vetor de clonagem contendo o gene do parasita. Embora este complexo necessariamente não se una fisicamente ao DNA nuclear, ele é capaz de induzir as células desse tecido a produzirem uma ou mais proteínas (antígeno) pertencentes aos patógenos. Esse estímulo pode ativar o sistema de defesa do organismo, que passa a produzir anticorpos contra a célula que estiver expressando essa proteína. No futuro, se o organismo for infectado pelo patógeno verdadeiro, ele terá memória imunológica capaz de reconhecer a mesma proteína, desencadeando de maneira mais rápida e eficiente uma resposta contra esse microrganismo.

Mas quais são as vantagens das vacinas de DNA? As vacinas tradicionais disponíveis no mercado são representadas pelo patógeno atenuado, inativo, ou por partes dele. Isso aumenta o risco de reações adversas nos indivíduos vacinados. No caso da vacina de DNA, o indivíduo vacinado desenvolve uma resposta imunológica mais eficiente porque a síntese dos antígenos ocorre de modo muito semelhante à produção do próprio agente patogênico. Pelo fato de as características estruturais das proteínas serem muito parecidas com as do agente causador da doença, a resposta do sistema imunológico tende a ser altamente eficaz. Outro aspecto positivo é que a imunidade adquirida pelas vacinas de DNA pode durar mais tempo, já que esse tipo de procedimento atua de modo mais efetivo na memória imunológica. Existe ainda uma vantagem econômica, uma vez que o custo de produção das vacinas gênicas é significativamente menor do que o da produção de muitas vacinas convencionais. Esse tipo de vacina também pode ser estocado de maneira mais prática, na forma de um sedimento seco de DNA à temperatura ambiente. Nesse caso, antes dessa ser administrada, basta adicionar água, como se faz com alguns medicamentos. Essas condições de estocagem trazem também vantagens econômicas para o estabelecimento de programas de imunização, sobretudo em regiões de difícil acesso, já que facilita o transporte das mesmas.

A tecnologia das vacinas de DNA trouxe, sem dúvida, um grande avanço na medicina preventiva. No entanto, ainda existem lacunas no que diz respeito à divulgação das informações ao público-alvo. Hoje sabemos que muitos brasileiros entram em pânico quando ouvem qualquer coisa sobre alimento transgênico, pois acreditam que adoecerão se vierem a "comer genes". No caso da vacina de DNA, se houver medo por parte da população, este pode ser justificável, já que ao invés de comermos, esses genes serão inoculados diretamente em nosso corpo, tendo em vista que a vacina de DNA nada mais é do que a transferência de material genético de um agente patogênico ao homem.

Portanto, depois de receber essa vacina, o indivíduo passa a ser hospedeiro de um fragmento de DNA exógeno e bastante complexo, manipulado por alta tecnologia para que seja capaz de se expressar nas células de um mamífero. Mesmo que a vacina de DNA traga inúmeros benefícios à população, a falta de informação poderá levar alguns setores a argumentarem que esse procedimento produz humanos parcialmente transgênicos. Por isso, é de fundamental importância que as empresas, públicas ou privadas, que desenvolvem essa tecnologia, esclareçam à população sobre os benefícios e os riscos desse tipo de metodologia à medida que as vacinas forem disponibilizadas. Seria muito bom que o consumidor tivesse respostas para perguntas como:

- Há algum risco em receber esse tipo de vacina?
- Há perigo de que esse plasmídeo se ligue de maneira irreversível ao genoma de quem foi vacinado?
- Eu passaria esse material genético para meus descendentes?
- Quais seriam os efeitos danosos que tal integração poderia trazer às minhas células e ao meu sistema imunológico?
- Diferentes pacientes poderiam responder de maneira diferente ao receber essas vacinas?
- Os plasmídeos inseridos em determinados locais do genoma poderiam causar danos irreversíveis ao DNA, que poderiam culminar com o desenvolvimento de câncer?

Para tentarmos responder a algumas dessas questões, precisamos discutir de que maneira as vacinas de DNA podem ser administradas nos indivíduos. Existem três formas principais de aplicação, cujos testes têm demonstrado eficiência no processo de imunização. No primeiro caso, como comentado anteriormente, as vacinas são inoculadas por injeção intramuscular. Para isso, é preparada uma solução composta pelo vetor/fragmento diluído em soro fisiológico, pois os sais dão estabilidade ao DNA, evitando que ele seja decomposto. No segundo caso, a vacina gênica é lançada a alta pressão contra o tecido do paciente por uma técnica conhecida como biobalística, de modo similar àquele utilizado na produção de plantas transgênicas (assunto a ser tratado no Capítulo 4). No terceiro caso, as vacinas gênicas são administradas via intranasal, na forma de aerossol.

É fácil imaginar uma injeção intramuscular ou um aerossol contendo um líquido rico em DNA. No entanto, a técnica de biobalística parece algo estranho, ousado e até mesmo perigoso. Tal procedimento é realizado com um aparelho capaz de lançar à derme do paciente micropartículas de ouro ou tungstênio, com cerca de 1 mm de diâmetro, encobertas com o DNA de interesse. Para acelerar as micropartículas a grandes velocidades e assim permitir que elas penetrem nos tecidos, são utilizados aceleradores à base de gás, explosão química ou elétrica. Os mais comuns são os aceleradores a gás comprimido (hélio ou nitrogênio). O aparelho utilizado, que tem o funcionamento semelhante ao de uma espingarda de pressão, possui uma fonte de gás comprimido que, ao ser liberada, emprega uma força controlada para a aceleração das partículas. Com esse aparato, as micropartículas conseguem atravessar as membranas celulares a altas velocidades sem causar danos graves às células.

A biobalística é um processo físico que permite introduzir DNA de qualquer origem, livre de proteínas, em qualquer tipo de célula. Essa metodologia simples e efetiva tem sido utilizada na produção de OGMs (Organismos Geneticamente Modificados) capazes de expressar genes exógenos. Nesse processo, não é preciso que o organismo inteiro seja bombardeado. Podemos usar células ou tecidos (animais e vegetais) em cultura ou até mesmo realizar esse procedimento em partes desse organismo vivo e intacto. A técnica foi desenvolvida nos Estados Unidos em 1992 para induzir resposta imunológica na derme de camundongos. Hoje ela é uma alternativa para inclusão de DNA em plantas que não aceitam tal transferência pela bactéria *Agrobacterium tumefasciens*. No entanto, na produção de plantas transgênicas pela biobalística, tem-se observado que o DNA exógeno pode ser incorporado ao genoma do hospedeiro em locais não específicos, por exemplo, dentro de genes, o que poderia causar morte celular.

Neste ponto podemos retornar a uma das questões levantadas anteriormente: há perigo de integração do plasmídeo no genoma do hospedeiro? Se nas plantas transgênicas o DNA exógeno consegue se despregar das micropartículas metálicas pela ação do líquido celular e, em seguida, ser integrado ao genoma do organismo em questão, por que isso não aconteceria, mesmo que eventualmente, nas células de animais ou humanos?

A maior limitação dessa técnica, embora venha sendo utilizada com muita eficiência na produção de plantas transgênicas e na administração de vacinas de DNA, é justamente a falta de controle sobre o número segmentos do DNA inoculado que serão incorporados ao genoma hospedeiro. Essa falta de especificidade na inserção pode ocasionar alterações em diferentes vias metabólicas das células transformadas, causando a morte de muitas delas, ou mesmo de tecidos inteiros. No caso das plantas transgênicas, a biobalística pode gerar um número grande de clones transformados, mas à custa de um número bem maior de fracassos. Na prática, são necessários de centenas a milhares de clones bombardeados para que poucos resultem estáveis e confiáveis.

Por fim, voltando à questão: se eu receber uma vacina de DNA e este se incorporar ao genoma das minhas células, automaticamente meus descendentes irão herdar esse transgene? A resposta é não! Se a vacina for direcionada para um músculo, para células imunes ou para qualquer outro tecido do corpo que não seja aquele responsável pela produção de gametas, não há como os descendentes herdarem esse gene. Além disso, espera-se que, após a estimulação do sistema imunológico, as células que expressarem a proteína do patógeno sejam destruídas, levando consigo o DNA transgênico.

Terapia gênica

Da mesma maneira que pensamos em produzir vacinas de DNA, também podemos imaginar a possibilidade de desenvolver algum tipo de terapia gênica. A diferença, nesse caso, é que não estamos interessados em imunizar os indivíduos, mas sim em corrigir um gene defeituoso herdado. Teoricamente, seria possível utilizar essa metodologia para ativar ou desativar genes específicos de maneira a modificar a resposta do organismo perante uma situação complicada como câncer, ou mesmo estimular o sistema imunológico para que ele ataque as células comprometidas.

Para que a terapia gênica possa ter sucesso, é necessário conhecer a natureza da doença tratada. Assim, é preciso saber qual ou quais genes estão envolvidos em sua etiologia, bem como onde e como eles se expressam. Isso porque o material terapêutico, que nesse caso seria uma cópia funcional do gene defeituoso, precisa ser entregue às células dos tecidos ou órgãos afetados. Aliás, não somente a entrega é necessária, mas também é preciso fazer com que esse gene se expresse na quantidade correta, no tempo necessário e, de preferência, que isso não provoque efeitos colaterais não contornáveis.

O material terapêutico pode ser entregue às células-alvo de duas maneiras diferentes. No primeiro caso, as células--alvo do paciente são retiradas, transformadas em laboratório e devolvidas a ele. Se isso não for possível, o tratamento é feito diretamente no indivíduo. Nesse caso, novamente é preciso utilizar um vetor que fará a entrega do DNA às células-alvo. Determinados tipos de vírus podem funcionar de maneira satisfatória como vetores de entrega, dada sua especificidade de ligação a certos tipos celulares. Estudos nesse sentido têm sido feitos com os vírus da família *pox*, dos quais a varíola é o representante mais conhecido, com os adenovírus, capazes de causar infecções respiratórias moderadas, como os resfriados, e com os vírus da herpes, que podem afetar a pele e o tecido nervoso, entre outros. O que se faz é modificar geneticamente esses vírus para que eles mantenham apenas sua especificidade de escolha de tecido, perdendo total e irreversivelmente a habilidade de causar doença.

Até o momento, esse tipo de técnica permanece no estágio de pesquisa clínica, não sendo utilizado de maneira indiscriminada. Dados os riscos inerentes a uma metodologia de origem tão recente, a terapia gênica é recomendada somente para o tratamento de doenças graves, como alguns tipos de imunodeficiências, fibrose cística etc. Para exemplificar, desde 1990 cerca de dez mil pessoas no mundo inteiro foram tratadas com esse método, mas menos de dez mortes foram atribuídas à terapia em si. Mesmo assim, uma quantidade pequena de casos tem despertado preocupação, pois, em alguns deles, o problema parece estar relacionado ao vetor viral utilizado. A informação disponível e que gera certa preocupação é que, em poucos casos, o uso da terapia gênica foi associado ao desenvolvimento de tumores, como já havia sido relatado em camundongos. Além disso, depois de o paciente ser tratado, não existem garantias de que o método funcionará, e, mesmo se este funcionar adequadamente, também não há garantias de que ele será mantido de maneira contínua e por um longo período de tempo.

RNA de interferência (RNAi)

Outra forma de terapia baseada em material genético é a da tecnologia do RNA de interferência, ou simplesmente RNAi. Esse mecanismo de regulação gênica pós-transcricional foi descoberto após estudos de genética molecular em nematoides. Esses organismos conseguem utilizar pequenos pedaços de RNA associados a proteínas para "regular o metabolismo" associados a alguns genes, mesmo depois da produção do RNA mensageiro. Este mecanismo já foi observado em insetos, peixes, plantas e mamíferos, incluindo os seres humanos. Acredita-se que a função original do sistema de RNAi tenha sido a defesa contra elementos genéticos nocivos às células, como transposons e vírus e que, com o tempo, passaram a desempenhar funções dentro das células. Mas como exatamente ocorre essa interferência?

Antes de prosseguir, é importante lembrar que o RNA é comumente encontrado dentro das células como uma molécula de fita simples, ao contrário do DNA, que é de fita dupla. Acontece que esse sistema é capaz de reconhecer moléculas de RNA de dupla fita que são produzidas pelo próprio organismo ou que sejam estranhas a ele, como no caso das infecções virais. Os cientistas observaram que organismos infectados por vírus acabam elevando a expressão de alguns genes ao mesmo tempo que ativam a expressão de uma RNA polimerase específica que é dependente do excesso de RNA. Toda vez que houver grande quantidade de determinado RNA mensageiro na célula, essa RNA polimerase sintetiza uma fita de RNA complementar ao RNA em excesso. Desse modo, por serem complementares, as duas fitas de RNA unem-se para formar um RNA de fita dupla. Em seguida, outra enzima, chamada *Dicer*, reconhece o RNA de dupla fita e o corta em pequenos fragmentos, de 21 a 28 pares de base de tamanho, que se mantêm no formato dupla fita. Assim que são cortados, outro grupo de proteínas reconhece esses fragmentos e liga-se a eles. Esses pequenos fragmentos de RNA são então desenrolados, e uma de suas fitas é preferencialmente eliminada. Os complexos formados por pequenos RNAs de fita simples e proteínas passam então a funcionar como moléculas-vigia, monitorando todos os tipos de RNA mensageiros que a célula produz. Quando esse complexo vigia encontra algum RNA mensageiro cuja sequência é totalmente complementar a uma das fitas do pequeno RNA, ele induz sua degradação. Se a homologia for parcial, ele não degradará o RNA mensageiro, mas somente impedirá sua tradução.

Estudos mais recentes têm mostrado que esse mecanismo de regulação, bastante comum entre os eucariotos, não ocorre por alterações na estrutura gênica, mas sim por destruição de seus produtos. Os RNAs mensageiros deixam de ser funcionais e, desse modo, impossibilitam a produção dos polipeptídeos e proteínas. Se pensarmos segundo os conceitos metabólicos, os genes continuam funcionando e sendo expressos, mas nenhuma proteína é fabricada, uma vez que a via metabólica é interrompida no meio do caminho. No fim das contas, é como se o gene não estivesse funcionando.

Atualmente, os cientistas conseguem produzir RNAs sintéticos para serem utilizados em experimentos destinados a interferir no produto da expressão de muitos genes, causando sua inativação e, consequentemente, o silenciamento dos genes. Assim, basta conhecer a sequência do gene desejado, a qual pode estar disponível nos bancos de genes para produzir de modo artificial pequenos segmentos de RNAi de um gene causador de uma doença. Estes podem ser inseridos diretamente nas células, ou ainda servir para desenhar estratégias para que os RNAis sejam produzidos diretamente dentro delas.

De qualquer modo, o objetivo seria bloquear o funcionamento dos genes mutados causadores de doenças de caráter genético. Essa tecnologia foi testada com sucesso apenas em células humanas em cultivo. Muitos cientistas estão buscando novas possibilidades para, num futuro próximo, utilizar a tecnologia da engenharia genética para modificar vírus e torná-los aptos a produzir RNAs de interferência dentro do corpo, como um tipo de vacina, capaz de interferir durante meses no funcionamento de genes causadores de doenças. Sem dúvida alguma, esse será um grande avanço da medicina terapêutica.

Genoma clínico

Os avanços da genética médica, conquistados pelo sequenciamento do genoma humano permitiram a identificação de mutações em genes relacionados a inúmeras doenças e aos mecanismos envolvidos no desenvolvimento de células cancerosas. Cerca de 10% da população humana herda um ou mais genes mutantes que causam predisposição a alguma doença. Talvez o melhor exemplo de aplicação dessa tecnologia seja a descoberta de genes que, quando mutados, elevam ou diminuem as chances de desenvolvimento de tumores malignos. Obviamente, nos indivíduos com histórico familiar de casos de câncer, o monitoramento dessas mutações pode trazer benefícios para as práticas preventivas e para a intervenção terapêutica. No caso do câncer de mama, a medicina preventiva se dá pelo monitoramento do genoma em busca dos genes associados a ele. Por exemplo, mulheres portadoras de determinadas mutações no gene BRCA1 (do inglês *breast cancer 1*, ou gene 1 do câncer de mama) localizado no cromossomo 17, apresentam risco de 84% de desenvolverem câncer de mama até os 70 anos, e o esperado na população em geral é de 12%.

Mas como os geneticistas conseguem estudar e descobrir se determinado cidadão possui ou não esse ou outros genes associados a tais doenças? Atualmente, as técnicas em biologia molecular permitem detectar se há modificações nas sequências de diferentes genes e identificar se outros membros da família ou outros indivíduos possuem tal alteração na sequência de um gene. O procedimento técnico mais simples se dá pela amplificação do DNA via PCR e pela separação dos genes ou segmentos amplificados por eletroforese. Uma maneira mais minuciosa de análise seria o sequenciamento do DNA amplificado. A Reação em Cadeia da Polimerase (PCR) permite amplificar de centenas a milhares de vezes determinado segmento de DNA de qualquer espécie existente no planeta, seja ela de microrganismos, animais ou plantas. Para tanto, basta possuir as informações ou, mais especificamente, conhecer as sequências de nucleotídeos que flanqueiam o trecho a ser amplificado. Essa técnica foi concebida pelo bioquímico Kary Banks Mullis em 1983, o que lhe rendeu o prêmio Nobel de Química de 1993.

Na reação de amplificação de trechos do DNA, são utilizados pequenos segmentos sintéticos de ácidos nucleicos com 15 a 20 bases de comprimento. Conhecidos popularmente como *primers* ou iniciadores, esses segmentos são capazes de encontrar e ligar-se por pontes de hidrogênio a regiões complementares na molécula de DNA, como é representado a seguir:

DNA:	3´-C CACCCGAATCGCGTAAATCCCAATCGACAGTA-5´
Primer 1:	5´- GGTGGGCTTA..
Primer 2:	....CGACAGTA-5´
DNA:	5´- GGTGGGCTTAGCGCATTTAGGGTTAGCTGTCAT-3´

Ao fazerem isso, eles fornecem um ponto de partida, a partir do qual a enzima Taq DNA polimerase consegue sintetizar o restante da fita de DNA, utilizando a fita de DNA complementar como molde. A Taq polimerase foi originalmente isolada de uma bactéria termófila, denominada *Thermus aquaticus*, chamada assim por ser capaz de sobreviver e reproduzir-se em temperaturas elevadas (cerca de 85 ºC). Isso foi importante tecnicamente, pois os iniciadores só podem se ligar às fitas de DNA se a dupla hélice for rompida. Como essa reação ocorre *in vitro*, não sendo possível o uso de enzimas que fazem essa separação naturalmente, caso das helicases e topoisomerases, o rompimento da dupla hélice é feito com temperaturas elevadas.

Na reação de PCR são utilizados: DNA molde, enzima Taq polimerase, *primers* da região que flanqueiam os dois lados do trecho do DNA-alvo, água ultrapura, nucleotídeos trifosfatados de adenina, timina, citosina e guanina para a síntese das novas moléculas de DNA, além de sais para estabilizar a reação química. A solução de reação é homogeneizada no tubo, que é levado a um aparelho conhecido como termociclador. Esse aparelho irá repetir de trinta a quarenta vezes um ciclo de aquecimento e resfriamento da solução. Cada ciclo comumente obedece à seguinte sequência: 90 ºC (desnaturação), 40 ºC a 50 ºC (hibridação ou anelamento) e 72 ºC (polimerização), voltando então para 90 ºC, temperatura na qual esse processo se repete.

Mas por que o processo ocorre dessa forma? Como as pontes de hidrogênio que unem as duas fitas do DNA são forças químicas fracas, o aquecimento dessa molécula a cerca de 90 ºC faz que ela desenrole e separe as duas fitas. Ao diminuírem a temperatura até 40 ºC ou 50 ºC, os iniciadores (*primers*) conseguem encontrar e ligar-se à região que flanqueia os segmentos específicos que serão amplificados no DNA genômico, justamente naquelas partes do DNA que contêm segmentos complementares a eles. Vale a pena ressaltar que, para algumas espécies, como a humana, existem atualmente descritos na literatura centenas de iniciadores específicos complementares a uma série de genes ou segmentos de DNA. Assim, um mesmo genoma pode ser analisado para várias regiões distintas, gerando inúmeras amplificações, decorrentes do uso dos inúmeros iniciadores. Continuando a reação, a temperatura é então elevada até 72 ºC, para que a enzima Taq polimerase consiga realizar plenamente o processo de polimerização ou síntese das novas fitas de DNA, utilizando como primeiro ponto os iniciadores ligados ao DNA e os nucleotídeos livres colocados no começo da reação.

Os ciclos da PCR amplificam o DNA de modo exponencial, ou seja, no primeiro ciclo são feitas duas cópias, no segundo, quatro cópias, no terceiro, oito, no quinto, 16, e assim por diante. Como o DNA molde é obtido por meio da extração do DNA de inúmeras células, existem de centenas a milhares de cópias do segmento que se deseja amplificar. Por causa da associação da amplificação exponencial aos inúmeros moldes, é possível obter no final da PCR milhões de cópias idênticas do(s) segmento(s) desejado(s).

A reação de PCR oferece uma série de vantagens perante as demais técnicas de análise genética, mas a principal delas é a capacidade de obter grande quantidade de determinado segmento de DNA em curto espaço de tempo – normalmente de 4 a 6 horas. Outra vantagem é que a reação pode ser feita com base em uma pequena quantidade de DNA molde retirado, por exemplo, de uma pequena gota de sangue, de secreções ou mesmo de células do bulbo capilar, algo que se tornou clichê nos filmes e séries que envolvem investigações criminais. Obviamente, quanto maior for a quantidade de DNA molde, mais fácil e mais confiável será o estudo, uma vez que os procedimentos poderão ser repetidos sem o risco de que o DNA molde seja esgotado.

Uma vez amplificados por PCR, os segmentos de DNA podem ser isolados e identificados pela técnica de eletroforese em gel de agarose ou poliacrilamida. Essa técnica se baseia em duas características naturais da molécula de DNA: i) o DNA é carregado negativamente; e ii) os segmentos amplificados podem variar em tamanho. Assim, ao ser colocado na matriz gelatinosa e submetido a uma corrente elétrica, o DNA migrará em direção ao polo positivo. O DNA amplificado migrará de acordo com seu tamanho, tendo em vista que moléculas menores têm mais facilidade de se locomover nesse substrato. O tempo de corrida e o espaço percorrido dependerão do tamanho dos fragmentos e do tamanho dos poros do gel, bem como da intensidade da corrente elétrica aplicada. Normalmente, quanto maior for o fragmento, mais lento será seu trânsito. Ao desligarmos a corrente elétrica, diferentes fragmentos de DNA ocuparão diferentes posições no gel. Cada um dos fragmentos gerados recebe o nome de banda.

Mas, uma vez separados, que tipo de informação essas bandas de DNA podem nos fornecer? Algumas mutações que afetam o DNA podem tornar o trecho amplificado maior ou menor que o convencional. É o que acontece, por exemplo, com o gene da proteína huntingtina, que está associada à doença de Huntington, uma desordem neurológica herdável em que os neurônios são progressivamente destruídos.

Mutações nesse gene que levam a um aumento no tamanho da huntingtina estão associadas à manifestação dessa doença. Quanto maior o gene mutante, mais cedo ela se manifesta. Essa mesma técnica pode ser utilizada para expor células de um indivíduo a determinadas condições laboratoriais, em ambiente de cultura de células, para verificar o comportamento do DNA perante agentes químicos e físicos. Com isso, é possível prever como o tipo de exposição, em virtude de acidentes ou ocupação, poderia influenciar no aparecimento de doenças relacionadas a mutações no DNA.

O conhecimento das sequências dos genes humanos tem proporcionado novas possibilidades de avanço tecnológico no que diz respeito aos novos métodos de diagnóstico capazes de confirmar suspeitas clínicas de determinada patologia de natureza genética, inclusive em situação pré-natal. Assim, o Projeto Genoma Humano (PGH) trouxe a possibilidade de verificar a existência de genes mutantes herdados, associados à predisposição a doenças como o câncer de mama, Alzheimer, arteriosclerose, entre outras. No entanto, apesar da alta capacidade diagnóstica gerada pelo projeto, ainda não existem mecanismos de intervenção preventiva ou terapêutica para a maior parte dessas doenças e, muito menos, para a maioria da população. Além disso, o fato de um casal saber que pode transmitir genes defeituosos ou uma combinação gênica desfavorável não significa que esteja preparado para tomar decisões. Portanto, em conjunto com o desenvolvimento das tecnologias preventiva e terapêutica, devem ser desenvolvidos mecanismos mais ágeis de disseminação de informações para que casais possam optar, por exemplo, por montar um banco de células-tronco para seus filhos ou escolher tratamentos pré-natais, como a seleção de embriões normais, ou mesmo aceitar ou não a possibilidade de criar uma criança portadora de necessidades especiais.

Morte celular programada

Quando uma célula já cumpriu sua função no tecido, ela pode ativar alguns genes responsáveis pela produção de outras proteínas degradantes chamadas de enzimas proteolíticas ou proteases, relacionadas à sua própria morte. Essas enzimas desencadeiam um processo previamente organizado de degradação dos componentes celulares que acaba por levar à morte celular. Esse processo fisiológico, que recebe o nome de *apoptose* ou morte celular programada, ocorre comumente durante o desenvolvimento embrionário, bem como ao longo da vida de qualquer organismo multicelular. A célula reconhece de algum modo que já contribuiu com o tecido ao qual pertence e que está no momento de ser substituída por outra. Qualquer pessoa substitui regularmente suas hemácias no sangue, troca as células dos tecidos epiteliais, perde neurônios durante a formação e organização do sistema nervoso etc. Essas células normalmente exibem modificações na membrana plasmática, fazendo que o organismo as reconheça como células alteradas e ative assim uma espécie de autodestruição.

Normalmente, as células que iniciam a apoptose sofrem modificações morfológicas e bioquímicas em alguns pontos vitais à sua sobrevivência – a perda da capacidade de funcionamento das membranas é uma das mais importantes. As membranas celulares, sejam as das organelas ou a plasmática, possuem as mesmas características básicas, podendo sofrer os mesmos tipos de modificações no início do processo de apoptose. Em geral, as células perdem o contato físico com suas vizinhas em decorrência de alterações em proteínas específicas da membrana que fazem a conexão célula-célula, ou seja, nas junções celulares. Em seguida, perdem a permeabilidade, o que as impede de trocarem componentes com o meio externo. Mais internamente, as membranas das mitocôndrias deixam de funcionar, são rompidas e encerram a produção de adenosina trifosfato (ATP). A ATP é a molécula responsável pela transferência de energia para a maior parte das atividades celulares, e, sem ela, a célula não sobrevive. Além disso, quando as membranas das organelas são rompidas, vários tipos de enzimas são liberadas, acelerando a degradação total da célula. Após a quebra da membrana plasmática, todos os componentes celulares, degradados ou não, ficam livres no espaço extracelular, podendo ser fagocitados por células que possuem este papel.

Os cientistas já encontraram alguns genes responsáveis pelo desencadeamento da morte celular programada. São genes envolvidos na produção de enzimas proteolíticas, no controle da fagocitose e na degradação do DNA. Nesse sentido, a fragmentação do material genético é outro passo importante para que as células entrem no processo apoptótico, já que ela é um dos indicadores do processo de morte celular programada. Especificamente para a apoptose, ocorre um acúmulo de cálcio no interior da célula logo no início do processo que ativa as endonucleases responsáveis pela fragmentação do DNA em pontos específicos. Esse processo é diferente da necrose celular, pois na necrose o DNA não é fragmentado em pontos específicos, mas sim de modo aleatório, inespecífico e não programado.

A apoptose tem grande importância na medicina moderna, pois muitos genes relacionados à morte celular programada podem vir a ser utilizados especificamente para induzir células tumorais a entrar em processo de morte. Isso poderia ser conseguido com o desenvolvimento de produtos farmacêuticos específicos para essa finalidade. Em outras palavras, se for possível dominar o processo da morte celular, também será possível induzir um tecido alterado a entrar em apoptose.

Clonagem humana

Em 1997, os meios de comunicação divulgaram mundialmente uma das maiores conquistas do meio científico: a clonagem de um organismo vertebrado. Por definição, clone pode ser uma população de células ou organismos que se originaram de uma única célula e que são idênticos à célula original. Dolly foi o nome dado à ovelha clonada por meio de uma célula retirada de glândula mamária de uma fêmea adulta. Esse fato abriu novos horizontes e levou a inúmeras discussões, especialmente sobre a possibilidade, a ética e a legalidade de se gerar clones humanos. Tecnicamente, os mamíferos podem ser clonados por: a) fissão de embriões, um evento de ocorrência natural responsável pela formação de gêmeos univitelinos; b) transferência nuclear, que consiste na coleta de um núcleo de uma célula somática, seja ela de um embrião, feto ou organismo adulto, e sua transferência para um ovócito anucleado; e c) reconstituição e cultura de uma célula ou embrião produzido artificialmente e transferência para o útero de uma fêmea hospedeira tendo-se em vista a geração da prole.

A eficácia dessas técnicas é demonstrada pelo domínio atual na produção de clones de camundongos, ratos, coelhos, porcos, gatos, vacas e macacos. No entanto, a taxa de sucesso é ainda baixa se forem considerados os nascimentos de clones por transferência de embrião reconstituído. Por exemplo, a ovelha Dolly foi a única nascida dos 277 embriões reconstituídos e transferidos para hospedeiras, ou seja, isso representa cerca de 0,5% de sucesso. Apesar de não terem sido detectados os motivos dessa baixa taxa de nascimento, sabe-se que nem todas as células somáticas, ou de qualquer tecido, podem ser utilizadas como doadoras de núcleos para a produção de clones. Além disso, os novos conhecimentos gerados no campo da clonagem reprodutiva têm indicado que a maioria dos clones morre precocemente e que os sobreviventes apresentam defeitos e anormalidades semelhantes, independentemente da célula doadora ou da espécie. A suspeita é que tais anormalidades podem ocorrer por falhas na reprogramação do genoma, decorrentes do estágio de diferenciação avançado da célula doadora. Por outro lado, estudos indicam que a clonagem reprodutiva realizada com base em células embrionárias pode ser até dez vezes mais eficiente, uma vez que essas células correspondem àquelas do início da embriogênese.

Mesmo com os problemas iniciais, a aplicação dessa tecnologia à pecuária pode abrir novos horizontes no melhoramento genético animal, como o uso de metodologias que até então estavam disponíveis somente para o melhoramento de plantas. No caso dos vegetais, ao se encontrar um galho ou uma planta mutante, cujo fruto ou qualquer outra parte economicamente importante apresente uma característica desejável, basta multiplicar esse tecido por estaquias, mudas, enxertia ou, de maneira mais moderna, por meio de cultura de tecidos. Algumas variedades de laranja e uva, por exemplo, foram obtidas dessa maneira. Caso haja interesse na descoberta de quanto o ambiente pode influenciar na expressão de uma determinada característica, basta semear indivíduos geneticamente idênticos em ambientes diferentes. Como todos apresentam o mesmo conjunto de genes, as diferenças encontradas entre eles serão devido ao efeito do ambiente. Dessa forma é possível estabelecer o modo como os genes e o ambiente interagem em características vitais como produtividade ou resistência, sobretudo naquelas espécies de interesse agronômico.

Diferentemente das plantas, como a técnica de clonagem seria útil no caso dos animais? Ao deparar com uma vaca leiteira campeã, bastaria cloná-la para obter filhas altamente eficientes? É claro que isso não substituiria o melhoramento tradicional, mesmo porque ainda existem muitos empecilhos para a implantação sistemática dessa técnica. Mas, nesse caso, o melhorista animal não dependeria somente da escolha correta dos progenitores para gerar descendentes altamente produtivos.

Por outro lado, a clonagem de mamíferos abriu novas perspectivas para a sociedade, sobretudo para os cerca de 20% de casais inférteis do mundo. E também para aqueles indivíduos narcisistas com poder aquisitivo elevado que acreditam poderem alcançar uma espécie de "vida eterna" se forem clonados, caso produzam "outros eus" à própria imagem e semelhança. No entanto, ao contrário do que inicialmente se esperava, produzir um embrião por meio da clonagem é tecnicamente mais complexo, difícil e oneroso do que pelo método comum de fertilização *in vitro*. Além disso, um clone gerado dentro de um útero diferente, sob condições ambientais, nutricionais e emocionais distintas daquelas nas quais o doador foi gerado, pode ser fator importante e decisivo para o desenvolvimento desse organismo. A maneira como esse indivíduo será criado, a sociedade, a moda, o tipo de modelo educacional vigente, o meio ambiente, as guerras etc. são suficientes para garantir que um clone não seja exatamente idêntico a quem lhe forneceu o material genético. Portanto, o mito de que o clone é virtualmente idêntico ao seu criador – tendo inclusive as suas "memórias de vidas passadas" – é absolutamente falso, principalmente quando tratamos da espécie humana.

Em 2003, representantes de academias de ciências de 63 países, inclusive o Brasil, solicitaram a proibição da prática da clonagem reprodutiva humana, pois poderia trazer à tona discussões éticas sobre, por exemplo, a escolha do indivíduo a ser clonado e o que fazer com os clones que nascessem defeituosos. Até o momento, tanto as agências que controlam as pesquisas quanto os bons pesquisadores têm se posicionado contra qualquer iniciativa de produção de organismos humanos inteiros por meio da clonagem. Essa posição deve-se à perda considerável de fetos e neonatais em outros organismos, bem como à inexistência de um consenso legal, moral e religioso.

Apesar dos problemas éticos, o desenvolvimento da clonagem humana trouxe, em segundo plano, aplicações mais interessantes e úteis para a sociedade do que a produção de um indivíduo inteiro. Dessa nova tecnologia surgiu uma área da medicina conhecida como *Medicina Regenerativa*, que busca a produção de tecidos humanos por meio da cultura de células-tronco *in vitro*. Essas células possuem características embrionárias e são ótimas para produzir qualquer tipo de tecido. A maior vantagem da clonagem para fins terapêuticos está na possibilidade de geração de diferentes tecidos em laboratório, sem a necessidade de implantação dessas células no útero. Ou seja, não há a produção de feto ou embrião em ambiente uterino, tampouco ocorre a retirada de órgãos.

As células-tronco podem ser obtidas de diferentes tecidos, como medula óssea, sangue e fígado, em menor quantidade, e de sangue de cordão umbilical e placenta, em grande quantidade. Apesar da capacidade de regeneração de diferentes tecidos, existem ainda alguns empecilhos nesta técnica, tais como: a) é preciso determinar o potencial de diferenciação dos diferentes tipos celulares; b) é necessário vencer o problema de compatibilidade entre as células-tronco do doador e o tecido do receptor; e c) é essencial que, uma vez implantado o tecido regenerado, este assuma o papel metabólico e funcional do tecido-alvo.

Algumas experiências mostraram que células-tronco, quando induzidas a se diferenciar em um ou outro tecido, podem ser utilizadas em implantes sem riscos de rejeição. Essa tecnologia já foi testada em pacientes com a doença degenerativa de Parkinson, popularmente conhecida pelos

tremores causados pela falha de produção do neurotransmissor dopamina. Nesse caso, neurônios reconstruídos,
capazes de produzir dopamina, são introduzidos no cérebro de pacientes com Parkinson e corrigem parcialmente
a produção desse neurotransmissor. Outros testes foram
realizados em animais com distrofia muscular e diabetes,
demonstrando que a clonagem de um indivíduo até o estágio de embrião poderia fornecer uma grande quantidade de
células-tronco imunologicamente compatíveis e úteis na
medicina regenerativa.

Contudo, essa tecnologia ainda parece ser mais teóri-
ca do que prática. Para o seu total sucesso, seriam necessárias mais informações sobre todos os genes funcionais,
bem como cofatores, hormônios de crescimento e de diferenciação celular para cada tecido que compõe nosso
corpo. O problema é que muitas dessas informações ainda não existem. Talvez agora, com os avanços gerados pelo
Projeto Genoma Humano, vários desses genes e fatores
de diferenciação tecidual possam chegar brevemente ao
nosso conhecimento.

Em maio de 2008, o Brasil avançou de modo significativo
com a liberação das pesquisas com células-tronco embrionárias, conforme previsto na Lei de Biossegurança, aprovada
em 2005. Essa lei havia sido alvo de uma Ação Direta de
Inconstitucionalidade e as pesquisas estavam suspensas.
Agora será possível retomá-las com segurança, o que poderá
trazer bons frutos para a população brasileira.

Genética forense

A Genética Forense é uma especialidade da Medicina
Criminalística que procura utilizar diferentes técnicas de biologia molecular como ferramenta auxiliar nas investigações

criminais, nos processos legais e nos de exclusão de paternidade. No passado, essas investigações eram realizadas com um número muito limitado de informações, baseadas em componentes do sangue, como os sistemas ABO, Rh e MN, além de outros grupos de proteínas. O problema é que uma série de pessoas diferentes, aparentadas ou não, podem compartilhar uma mesma característica, como o tipo sanguíneo. Quando as técnicas de análise de segmentos de DNA se tornaram disponíveis, houve um incremento considerável nas informações úteis para esse tipo de investigação, justamente porque o genoma humano possui marcadores ou locos hipervariáveis. Atualmente, esses procedimentos envolvendo a análise do material genético permitem uma identificação mais precisa dos indivíduos, já que cada um apresenta uma combinação específica para esses marcadores, o que acaba funcionando como uma espécie de impressão digital molecular.

Os procedimentos funcionam mais ou menos assim: uma vez coletado o material biológico (pele, sêmen, bulbo capilar etc.) em uma cena de crime, os criminalistas levam-no a um laboratório de biologia molecular, onde é feita a extração do DNA, em condições de assepsia e de modo que não haja risco de contaminação ou troca de material genético dos indivíduos analisados. O DNA, obtido com elevado grau de pureza, é então utilizado para reações de PCR a fim de amplificar uma série de locos hipervariáveis. Se considerarmos que todas as nossas células possuem o mesmo DNA e que a quantidade de marcadores utilizados nesse tipo de investigação é alta, células de diferentes tecidos poderão ser utilizadas para gerar uma espécie de impressão digital molecular. Se as marcas moleculares das células deixadas pelo criminoso na cena do crime forem comparadas com as dos sujeitos investigados, é possível fazer a exclusão ou não de suspeitos. Isso porque, com exceção dos gêmeos univitelinos, existe uma probabilidade desprezível de que as marcas moleculares de uma pessoa sejam idênticas a de qualquer outro indivíduo do planeta. Como na população em geral existe proporcionalmente um número pequeno de gêmeos univitelinos, essa informação se torna altamente esclarecedora para o especialista forense. Um problema que pode ser levantado nesse ponto é: se não existe um suspeito do qual amostras de DNA possam ser retiradas, não há quem incriminar. Neste caso, a alternativa é buscar amostras em parentes próximos. Quanto maior o grau de parentesco, maior a quantidade de marcadores genéticos em comum. Da mesma forma que existem instituições que guardam as informações sobre as impressões digitais de pessoas que tiveram algum tipo de rusga com a Justiça, começam a surgir nos países os bancos de dados de DNA. Por enquanto eles são mais frequentes, é claro, nos países desenvolvidos. É o caso dos Estados Unidos e de seu famoso CODIS (*Combined DNA Index System*). Assim, tendo em mãos o DNA colhido na cena do crime, uma das opções é obter o seu padrão de marcas para comparar com os padrões já depositados neste banco.

No caso dos exames de paternidade, basta pensarmos que um indivíduo nascido em condições naturais foi resultado da fecundação de dois gametas, um masculino e outro feminino. Considerando que metade das informações genéticas desse indivíduo veio da mãe e a outra metade, do pai, os DNAs da criança, da mãe e do suposto pai podem facilmente ser amplificados para cerca de vinte ou mais locos hipervariáveis. Depois de separados por eletroforese, procura-se identificar quais bandas presentes na criança são homólogas às da mãe. Aquelas não presentes na mãe só poderão ter vindo do pai. O próximo passo é determinar quantas dessas bandas estarão presentes no suposto pai. Se houver correspondência entre elas, não haverá evidências que permitam a exclusão de paternidade. Como esse tipo de análise é feito com um grande número de locos, é possível estimar a probabilidade de paternidade com um grau de certeza que pode chegar a 99,999%.

4 Biotecnologia e os avanços na agricultura

Introdução

A biotecnologia engloba os processos tecnológicos que permitem a utilização de material biológico (plantas, animais e microrganismos) para o desenvolvimento dos setores produtivos, como aqueles relacionados às indústrias médica, farmacêutica e agropecuária. Para tal, a biotecnologia utiliza elementos das áreas de microbiologia, bioquímica, genética, engenharia, química, informática e quaisquer outras necessárias, a fim de agregar valor a bens como alimentos, bebidas, produtos químicos, farmacêuticos, energia, vacinas, pesticidas, kits de purificação de água e de tratamentos de resíduos e muitos outros.

O avanço biotecnológico observado recentemente se tornou possível graças às modernas técnicas de biologia molecular, chamadas globalmente de Técnicas de Engenharia Genética. A engenharia genética explora as informações sobre os organismos vivos acumuladas ao longo do tempo, bem como a capacidade e a alta resolução de novos equipamentos, como sequenciadores de DNA e de proteínas, sintetizadores de oligonucleotídeos, termocicladores, biorreatores, entre outros. A ideia é utilizar esses aparatos na busca de novas formas de sintetizar ou modificar produtos biológicos para satisfazer as necessidades humanas.

Independentemente da área de atuação, a biotecnologia visa o desenvolvimento de processos para a elaboração de determinado produto em grande quantidade, em menor tempo e custo baixo, sempre associado às melhorias na qualidade de vida. Talvez o exemplo mais ilustrativo em biotecnologia ainda seja a descoberta, embora acidental, do antibiótico penicilina, feita por Alexander Fleming em 1928. A partir desse evento, muitos pesquisadores começaram a buscar colônias mais eficientes na produção de fármacos a serem utilizados contra a ação das bactérias. Essa ideia é seguida até hoje, mas com o emprego de técnicas e aparelhagens bem mais sofisticadas que permitem, inclusive, realizar modificações químicas em substâncias naturais tendo em vista a obtenção de medicamentos sintéticos mais eficientes e menos tóxicos ao organismo.

Embora muitas vezes pareça que a biotecnologia seja uma atividade recente, vale ressaltar que esta se iniciou nas sociedades humanas há pelo menos dez mil anos, quando alguns animais e plantas selvagens começaram a ser criados e/ou cultivados pelos primeiros agricultores, e que posteriormente foi estendido ao uso de leveduras e bactérias para a produção de pão, bebidas, queijos etc. Durante esse período, animais ou plantas mais produtivos, bem como cepas de bactérias e de leveduras mais adequadas, foram selecionados, ao mesmo tempo em que diferentes meios de produção se estabeleceram entre os povos. Isso permitiu a profusão de raças, cepas, cultivares, queijos, iogurtes, cervejas e vinhos hoje disponíveis no planeta.

A biotecnologia atingiu um patamar mais elevado de desenvolvimento por ter ultrapassado a capacidade de utilização de todo o potencial de determinada espécie. Atualmente, já é possível combinar características ou, mais especificamente, genes de organismos absolutamente distintos, sejam eles procariontes, eucariontes, animais ou vegetais. Ou seja, hoje conseguimos obter em laboratório organismos que jamais seriam concebidos por meio de processos naturais. A biotecnologia possibilitou o lançamento de novos produtos de uso globalizado, como insulina, hormônio do crescimento, vacinas, adubos, pesticidas, microrganismos de interesse em diversas áreas, clones de plantas, organismos transgênicos e muitos outros.

Melhoramento genético em plantas

A maioria dos alimentos comercializados que chegam à mesa passou, de algum modo, por um processo de melhoramento genético. Desde que o homem começou a criar animais e cultivar vegetais para o consumo, mesmo que inconscientemente, foi selecionando as matrizes com características mais vantajosas. Ao longo do tempo, os produtores replantaram as sementes dos frutos mais vistosos e saborosos, das espigas que continham grãos maiores e mais numerosos e reproduziram as cabras e vacas que produziam mais carne ou leite. Portanto, os organismos mais inadequados, fracos e doentes foram eliminados da lavoura ou do pasto. Isso, acabou por limitar a passagem dos genes indesejados para as próximas gerações, assegurando a perpetuação das características desejadas. Obviamente, os agricultores tradicionais não tinham a ideia de que uma característica interessante presente em uma planta ou um animal era decorrente da interação entre seu material genético e o meio ambiente. Eles apenas sabiam, por experiência, que se plantassem as sementes dos melhores frutos teriam, com grande chance, plantas novas com frutos tão bons quanto os das plantas ancestrais. Assim, podemos dizer que, durante a história, diferentes grupos buscaram, consciente ou inconscientemente, aperfeiçoar o uso dos recursos disponíveis em cada região para atender às suas necessidades de sobrevivência em sua forma mais básica: o trabalho em razão da alimentação.

O melhoramento genético de animais e plantas deixou de ser uma atividade empírica para se tornar ciência somente no início do século XX. O primeiro fator que contribuiu para isso foi a descoberta do mecanismo de herança genética, feita por Gregor Mendel em 1865, mas cuja atenção da sociedade científica só foi despertada a partir de 1900. O desenvolvimento dos métodos estatísticos que permitiam uma análise mais fiel dos caracteres de herança quantitativa, como produtividade, crescimento e precocidade, também foi fundamental para os avanços conseguidos na área. Houve avanços nos métodos de escolha dos cruzamentos, o que consequentemente refletiu na obtenção de proles mais eficientes. É claro que não devemos nos esquecer de todo o desenvolvimento tecnológico que contribuiu para uma melhora significativa nas práticas de manejo e de controle ambiental, como a adubação, a correção do solo, a rotação de culturas, a vacinação dos animais etc. Isso tudo permitiu que muitos países deixassem de ser importadores para se tornarem exportadores de alimentos.

De certo modo, o desenvolvimento trouxe uma dependência tecnológica no que diz respeito aos químicos (adubos e pesticidas) e à mecanização. Apesar do visível aumento da produção agrícola, muitos aspectos importantes das culturas tradicionais foram deixados de lado, sobretudo aqueles relacionados à agricultura familiar e ao desenvolvimento sustentável associado à preservação dos recursos naturais. Nos últimos anos, esse efeito negativo vem sendo minimizado por medidas governamentais e da sociedade, organizadas na forma de investimentos em projetos voltados à agricultura familiar e à valorização de produtos conhecidos como "orgânicos". No entanto, é importante ressaltar que a "agricultura orgânica" tem efeito mais localizado e que seu uso exclusivo não seria suficiente para sustentar a população humana mundial.

Cultura de tecidos e clonagem de plantas

O avanço biotecnológico assegurou para alguns setores a geração massiva de clones altamente selecionados, voltados à produção de biomassa e de compostos químicos naturais. Esses clones são gerados com base em pequenos fragmentos de tecidos vegetais, como gemas, folhas, raízes ou ramos jovens recém-retirados da planta. Tais fragmentos vegetais podem ser cultivados em recipientes especiais que contenham um substrato, conhecido como meio de cultura, por períodos variáveis, desde que estejam devidamente livres de contaminantes como bactérias e fungos. Como o próprio nome diz, a função do meio de cultura é oferecer, além de sustentação física para as células, macro e micronutrientes, além de reguladores de crescimento que permitirão a sobrevivência e/ou regeneração desses tecidos em novas plantas. A cultura de tecidos vegetais é atualmente utilizada na conservação de recursos genéticos dos chamados bancos de germoplasma, na multiplicação e produção de clones, como ocorre na indústria madeireira, na produção de compostos secundários em escala industrial, como ferramenta auxiliar na produção de plantas geneticamente modificadas, bem como em muitos outros setores produtivos.

Até pouco tempo, a regeneração de plantas completas era feita de uma maneira mais restrita, via produção de mudas por meio da estaquia de galhos ou de outras partes das plantas, o que é um tipo de clonagem. Com os avanços biotecnológicos, tornou-se possível regenerar plantas inteiras a partir de uma ou mais células vegetais diferenciadas ou indiferenciadas, graças a habilidade natural de se reproduzir e se diferenciar. Esta característica é conhecida por totipotência. Uma vantagem da cultura de tecidos vegetais sobre a propagação tradicional de mudas é que, com base em um pequeno pedaço de tecido vegetal, é possível gerar um número muito grande de clones livres de doenças. A propagação de tecidos vegetais, ou propagação vegetativa, é uma técnica muito importante e bastante empregada na agricultura, haja vista que em um terço ou mais das culturas, como a da cana-de-açúcar, da batata, de orquídeas e de muitas espécies de frutas, são provenientes de material gerado com essa tecnologia.

A produção dos clones de plantas envolve alguns passos importantes. Em primeiro lugar, é necessário escolher o tecido mais adequado para a propagação. A amostra escolhida, conhecida como "explante", é esterilizada com água sanitária para eliminar qualquer bactéria ou fungo que esteja na sua superfície. Em seguida, em um ambiente totalmente asséptico, esse explante é colocado em um frasco de vidro contendo o meio de cultura. O frasco é então transferido para uma sala que terá temperatura e luminosidade totalmente controladas. De acordo com os fitorreguladores de crescimento colocados no meio de cultura, os explantes poderão gerar diretamente pequenas mudinhas, ou então formar uma massa amorfa de células chamada de "calo". Os calos poderão se desenvolver em brotos ou mesmo em pequenos embriões. Após sua regeneração, a planta passa por um período de adaptação em casa de vegetação ou viveiro, etapa conhecida como aclimatação. As plantas aclimatadas podem finalmente ser transferidas para o campo de cultivo, seja uma grande fazenda de cana-de-açúcar, um sítio de um produtor de morangos ou um vaso de orquídea que se compra no mercado.

Existem outras vantagens interessantes do cultivo *in vitro* de células vegetais. A maior parte das plantas utilizadas pelo homem para a extração de compostos químicos é capaz de biossintetizar e acumular essas mesmas substâncias em condições laboratoriais. No geral, as plantas produzem dois tipos de compostos químicos. Os primeiros, chamados de compostos primários, são derivados do metabolismo normal de todas as células e são encontrados em grande quantidade. Como exemplo, podemos citar a celulose da parede celular vegetal e o amido na forma de açúcar de reserva. O segundo grupo engloba compostos químicos produzidos em pequenas quantidades, normalmente típicos do metabolismo de uma ou outra espécie. Entre esses compostos secundários estão incluídos os óleos essenciais, as resinas, os corantes, os fármacos e muitos outros produtos. A tecnologia desenvolvida atualmente permite cultivar células vegetais suspensas em meio de cultura líquido, sob intensa agitação, nos chamados biorreatores ou em frascos de cultura. Esse tipo de procedimento vem se tornando comum em indústrias de óleos essenciais, de princípios ativos para fármacos e corantes, entre outras.

Dada a importância econômica de diferentes compostos secundários, a biotecnologia tem buscado alternativas para o desenvolvimento de protocolos envolvendo a manipulação genética que permitam aumentar a produção de células e, consequentemente, de seus compostos secundários. Um dos maiores empecilhos sempre foi a existência da parede celular vegetal. Ela é rica em carboidratos como celulose, hemicelulose e pectina, o que dá rigidez e forma à célula vegetal. Tais características são imprescindíveis para a vida das plantas, já que elas não dispõem de um esqueleto semelhante ao nosso. Porém, em condições experimentais, sua presença traz dificuldades para a aplicação das técnicas de engenharia genética, como a introdução de um DNA exógeno ou a fusão de células diferentes. Contudo, se a parede celular for retirada sem que a célula vegetal seja danificada, esse tipo de procedimento é facilitado. Quando as células vegetais e também as de leveduras estão artificialmente livres da parede celular, passam a ser chamadas de protoplastos.

No caso das plantas, a obtenção de protoplastos se dá com o emprego de enzimas capazes de digerir açúcares presentes na parece celular, como a celulase, a hemicelulase e a pectinase. Sem a parede, é possível aproveitar a característica fluida e flexível da membrana plasmática para introduzir nesses protoplastos os diferentes tipos de componentes, como moléculas de DNA de outra espécie. Esse tipo de procedimento é possível graças a algumas características comuns às membranas celulares. Quando a membrana lipoproteica das células é submetida a uma corrente elétrica, ocorre uma desestabilização momentânea de sua estrutura, o que leva a um aumento da flexibilidade ou fluidez em virtude de um distanciamento momentâneo entre os fosfolipídios hidrofóbicos que a compõem. Assim, as atrações químicas fracas que agrupam as moléculas ficam ainda mais fracas, tornando as membranas aptas a uma reorganização. A corrente elétrica gera pequenos buracos na membrana plasmática, porém, grandes o suficiente para permitirem a entrada, por exemplo, de moléculas de DNA que não estejam enoveladas, ou seja, segmentos de DNA linearizados. Esse DNA introduzido no protoplasto pode conter informações genéticas que permitirão às plantas regeneradas produzirem diferentes substâncias, de compostos secundários a genes para resistência a pragas ou mesmo anticorpos que possam ser utilizados em vacinas.

Outra possibilidade da cultura de tecidos é permitir o resgate de embriões derivados de cruzamentos entre variedades ou mesmo espécies diferentes que demorariam ou que nunca seriam produzidas de maneira natural. O cruzamento de plantas pertencentes a variedades ou espécies distintas é uma estratégia utilizada pelos melhoristas para obter cultivares altamente produtivos ou resistentes a determinadas doenças. No melhoramento vegetal, podem ser utilizados cultivares de regiões distintas, ou mesmo espécies selvagens que tenham características de interesse, desde que não existam barreiras para tais cruzamentos. Entretanto, muitas vezes é demorado conseguir descendentes por meio de cruzamentos convencionais, tendo em vista que algumas culturas podem demorar muito tempo para se tornar adultas. E, no caso de cruzamentos entre espécies diferentes, é comum encontrarmos falhas na reprodução, ausência ou inviabilidade de sementes. Para algumas situações, embriões podem ser retirados das sementes e transferidos para o meio de cultura, onde são estimulados a se desenvolver. No entanto, se o cruzamento entre as duas plantas é inviável, é possível combinar seus genótipos com base na hibridação somática. Nesse caso, as células das duas plantas são transformadas em protoplastos e, em condições adequadas, estimuladas a se fundir, formando uma célula com dois núcleos. Se esses dois núcleos se fundirem, poderão ser obtidas células vegetais híbridas, que conterão os genomas das duas plantas. Esse tipo de hibridação vem sendo utilizado na produção de híbridos somáticos entre variedades de enxerto e porta-enxerto em citros, por exemplo. Essa tecnologia foi capaz de gerar um híbrido somático, produzido com base na laranja azeda e no limão-cravo, que apresentam tolerância a um vírus responsável pela doença conhecida como *tristeza dos citros*. Contudo, a cultura de células não se restringe à replicação de tecido vegetal, como veremos a seguir.

Transgênicos: produção, riscos e benefícios

Os transgênicos fazem cada vez mais parte do nosso cotidiano, especialmente daqueles que vivem em países com agricultura avançada, como Estados Unidos, Brasil, Argentina, Austrália, México, Canadá e China. Um levantamento feito pela instituição não governamental ISAAA (International Service for the Acquisition of Agri-Biotech Applications) mostra que, desde o início da comercialização de produtos transgênicos, em 1996, até os últimos anos houve um aumento considerável na quantidade de produtos cultivados gerados por biotecnologia. O Brasil está entre os maiores produtores de transgênicos, com cerca de 15 milhões de hectares plantados, liderados pela soja e seguidos pelo milho e pelo algodão. Os Estados Unidos têm cerca de 57,7 milhões de hectares plantados, e a Argentina, por volta de 19,1 milhões de hectares.

Independentemente do país, a população consome cada vez mais produtos e derivados de transgênicos sem nem ao menos saber do que se trata. Um bom exemplo de que nem todos os transgênicos são inócuos à saúde foi a produção, na década de 1980, de alimentos e suplementos para o mercado norte-americano com derivados de uma bactéria geneticamente modificada que produzia um aminoácido diferente, o L-triptofano, responsável pela morte de 37 pessoas e pela invalidez de outras 1.500 com a chamada síndrome de Eosinofilia-Mialgia. O problema é que os efeitos nocivos dessa transgenia foram detectados somente após o consumo do suplemento, quando o dano já havia ocorrido. Muito provavelmente, a população consumiu tais produtos sem nenhum conhecimento do perigo que poderiam representar.

Por outro lado, não podemos negar que existem situações nas quais os transgênicos são úteis aos seres humanos. Até poucos anos atrás, a única fonte de insulina para os diabéticos era obtida de pâncreas de suínos. No entanto, era necessária uma quantidade muito grande desse órgão para extrair insulina suficiente que atendesse à demanda. Esse problema foi contornado com o uso de bactérias geneticamente modificadas contendo o gene da insulina humana, capazes de produzir esse hormônio em escala industrial em um tempo curto e a preços mais baixos. Porém, devemos salientar que essas bactérias geneticamente modificadas ficam restritas aos laboratórios de produção dessas substâncias, não sendo amplamente disseminadas no ambiente, como ocorre com as culturas vegetais transgênicas.

Aqueles que defendem os transgênicos na agricultura fazem-no com argumentos baseados no intenso crescimento populacional, na demanda cada vez maior por alimentos ou mesmo na diminuição da contaminação ambiental pelo uso excessivo de pesticidas convencionais. Nesse contexto, podemos imaginar o Brasil tendo de produzir, em algumas décadas, uma quantidade de alimentos capaz de nutrir o dobro de sua população, muito embora os dados de crescimento demográfico dos últimos anos tenham apontado uma diminuição nesta taxa em nosso país. Mesmo assim, pensando em um contexto de médio a longo prazo, seria necessário aumentar as áreas de plantio ou a produtividade das culturas. Por um lado, a expansão das fronteiras agrícolas obrigaria necessariamente a diminuição ainda maior das áreas de vegetação nativa e, portanto, da já combalida biodiversidade. Por outro, o aumento na produtividade implicaria permitir que a maioria dos agricultores utilizasse de maneira racional todos os recursos disponíveis, como insumos, assistência técnica adequada, variedades mais produtivas etc. Entre esses recursos, estariam também os transgênicos, visando um aumento na produtividade sem expandir a área cultivada.

De modo geral, a transgênese agrícola busca:

- tolerância a herbicidas;
- resistência a insetos e outras pragas;
- qualidade nutricional, como melhoria no nível de proteínas, sabor, fibras etc.

Um bom exemplo do potencial de uso da transgênese vegetal é a transformação das plantas em biofábricas, ou seja, plantas capazes de produzir vacinas, hormônios, polímeros biodegradáveis etc. Admite-se que a vantagem do uso das biofábricas vegetais seja a facilidade de produção, extração, purificação e, sobretudo, rendimento desses compostos, uma vez que as plantas podem crescer muito em biomassa.

No entanto, o uso das plantas transgênicas tem trazido algumas preocupações. Uma delas é a seleção de organismos sempre mais resistentes, o que foi visto em alguns transgênicos resistentes a vírus. Alguns estudos sugerem que, quando genes capazes de fabricar a cobertura proteica de determinado vírus (o capsídeo) são utilizados na transgênese para criar resistência a esses vírus, podem induzir a planta a fabricar a cobertura para outros vírus com material genético diferente. Além disso, esses transgênicos podem colocar em contato os materiais genéticos de vírus distintos e oferecer um ambiente para que sejam recombinados. Teoricamente, esse processo poderia formar um novo tipo de vírus. Esses eventos foram vistos com frequência muito baixa em condições laboratoriais e, apesar de nenhum caso ter sido detectado em campo, existe a possibilidade de isso acontecer, mesmo que seja mínima.

Outra preocupação é com a transferência horizontal dos genes decorrente da transgênese, ou seja, a transferência dos genes dos OGMs para outras espécies nativas. Assim, como no exemplo citado anteriormente, existe uma chance muito pequena disso acontecer na natureza. Para tanto, seria necessária a formação de um híbrido, no caso de cruzamento entre diferentes espécies. Os especialistas em transgênese pregam que a dificuldade estaria nas diferenças fenológicas, mais especificamente, nas diferenças em forma e período reprodutivo das espécies. No entanto, muitas espécies nativas e cultivadas podem florescer em uma mesma época e, por estarem próximas, compartilhar polinizadores generalistas que visitam qualquer vegetal. Outro aspecto importante é que as informações a respeito dos efeitos de compostos secundários e de proteínas derivadas do metabolismo dos transgênicos no meio ambiente ainda estão começando a surgir na literatura científica. Muitas das dúvidas levantadas sobre as consequências da toxicidade aos insetos não alvo, os efeitos da redução do tamanho populacional decorrente da produção de proteínas inseticidas, os prováveis danos da perda de polinizadores em fragmentos florestais, a capacidade de disseminação dos grãos de pólen e sua viabilidade na natureza, dentre outras, começam a ser respondidas. O aspecto mais relevante é o fato de existirem estudos indicando que os transgênicos podem causar ou não modificações significativas no meio ambiente. Ou seja, os impactos (negativos ou positivos) provocados por eles dependem do tipo de gene introduzido, da cultura que foi geneticamente modificada, do local onde essa cultura é plantada, bem como das espécies de organismos com as quais elas interagem.

Portanto, fica claro que a transgênese poderá trazer muitos benefícios, como a redução do uso de defensivos agrícolas e, consequentemente, uma menor contaminação do meio ambiente e dos alimentos que ingerimos, o que permitirá um aumento da produtividade global de alimentos mais saudáveis, bem como a produção de compostos químicos e fármacos em maior quantidade. No entanto, ainda são necessários muitos estudos e investimentos para conhecermos os riscos que esses organismos poderão trazer, bem como se seus efeitos negativos poderão ser controlados e/ou revertidos.

Biotecnologia , ética e biossegurança

A biotecnologia, expressada especialmente pela engenharia genética, vem causando uma enorme confusão na sociedade em razão das notícias sensacionalistas que ora exibem o potencial e as vantagens das novas tecnologias, ora os perigos e as dúvidas sobre a manipulação gênica. Dentre os inúmeros organismos geneticamente modificados já produzidos, sem dúvida os mais polêmicos são as plantas transgênicas, como já comentado neste capítulo. Entretanto, quando tratamos do assunto "transgênicos", muitos prontamente se lembram da soja transgênica e das guerras comercial e ambiental atualmente instauradas. Esquecemos, porém, de toda a população de diabéticos insulinodependentes, que cresce ano após ano e que acabaria penalizada caso não tivesse acesso a esse hormônio, como mencionado anteriormente.

Outro aspecto pouco comentado é que o isolamento de vários segmentos de DNA de diferentes genomas possibilitou estudar a expressão e a função dos genes envolvidos em processos degenerativos, causadores de doenças, bem como relacionados a quedas na produtividade de alimentos. De todas as espécies vegetais estudadas até hoje, a *Arabidopsis thaliana* foi quem garantiu os maiores avanços biotecnológicos pelo uso da transgênese. O uso de *A. thaliana* como material modelo de transgênese permitiu estudar com grande sucesso as funções de inúmeros genes importantes no metabolismo das plantas. Assim, podemos dizer que grande parte do conhecimento adquirido nos últimos anos sobre a fisiologia das plantas é decorrente da biotecnologia.

Se entrarmos no mérito comercial, ou no elevado investimento que esse tipo de tecnologia exige e o lucro que o desenvolvimento de novos produtos pode gerar, é perfeitamente aceito que as empresas privadas busquem nichos de atuação nessa área, visando atender às demandas da sociedade e o sucesso financeiro. É certo que novos produtos geneticamente modificados surgirão e que novas discussões e brigas judiciais poderão se instalar, mesmo que os governos implantem políticas adequadas para a pesquisa, o uso e a comercialização de tais produtos. Mesmo que sejam devidamente rotulados como seguros ao homem e ao meio ambiente, o consumidor comum dificilmente se sentirá seguro, justamente porque essa é uma tecnologia nova, cujos efeitos a longo prazo ainda não podem ser claramente medidos. Se produtos não transgênicos e tecnicamente seguros são atualmente comercializados sem que haja detalhes importantes nos rótulos, não há motivos para acreditar que os transgênicos serão comercializados com todas as informações necessárias aos consumidores, mesmo que causem um sentimento de medo na população. Basta uma pesquisa de mercado para quantificar a imensa desconfiança da população com relação a tais produtos e seus derivados. No entanto, a população consome alimentos transgênicos derivados de milho, tomate e mamão e utiliza óleo de soja advindo de plantas transgênicas sem tal conhecimento.

As plantas produzem naturalmente uma variedade de compostos que podem funcionar como neurotoxinas, inibidores de enzimas digestivas, além de toxinas que alteram a qualidade dos alimentos. Como exemplo, podemos citar os compostos secundários produzidos pelas plantas que evoluíram como mecanismo de defesa contra a herbivoria. Ao longo da história, o ser humano passou a selecionar e cultivar aqueles vegetais que apresentavam baixos níveis de compostos tóxicos. Esse é um dos motivos que fazem das plantas cultivadas um prato cheio não só para nós, mas também para insetos e outras pragas. Mesmo aquelas plantas das quais não se consegue eliminar totalmente os compostos tóxicos, pode-se neutralizá-los durante o processamento. Por esse motivo ninguém é tolo o bastante para, por exemplo, comer mandioca ou macaxeira crua, tendo em vista que esta contém uma pequena quantidade de cianeto de hidrogênio (HCN), uma substância tóxica que, por ser bastante volátil, é eliminada durante o processo de cocção. Entretanto, a transgenia praticada sem o devido controle pode trazer à mesa uma série de compostos novos ou mesmo em níveis tóxicos que não percebemos. Esse tema ainda levanta uma série de questões particulares ao nosso país, dentre elas:

- Qual o interesse de uma empresa em rotular determinado produto como transgênico se as vendas poderão cair?
- Como fiscalizar se os produtos são ou não transgênicos se não há um número suficiente de técnicos no Brasil para realizar tal trabalho e se os poucos que existem não estão preparados para reconhecer todos os transgênicos?
- Como garantir e assegurar a confiabilidade da rotulagem?
- Como assegurar que produtos transgênicos desenvolvidos para determinadas regiões não sejam transferidos para outras, sob o risco de danos ao ambiente?
- Como garantir que os genes manipulados não contaminarão outros organismos?
- Como garantir que determinado produto transgênico não seja fruto de pirataria ou tenha qualidade comprovada e não ofereça riscos ao homem e ao meio ambiente?
- Como garantir ao consumidor ou ao produtor rural o direito de não aceitar e não conviver com OGMs na região em que vive?

É óbvio que, ao levantarmos tais questões, não estamos colocando em dúvida a honestidade e o excelente trabalho desenvolvido pelos centros de pesquisa nacionais e estaduais, como a Embrapa, o Instituto Agronômico de Campinas, o Instituto Agronômico do Paraná e muitas universidades. Tais centros de pesquisa recebem financiamento público e sempre buscam alternativas para melhorar a condição de vida do povo brasileiro. Também não é intenção crucificar todas as empresas privadas, mas são muitos os casos conhecidos de pesquisadores cooptados por tais empresas para defender e elevar a credibilidade de seus transgênicos.

A Constituição Federal assegura, em seu artigo 225, proteção à vida em todas as formas por meio do desenvolvimento sustentável. Nesse sentido, inúmeros instrumentos legais vêm buscando formas de garantir qualidade de vida em um meio ambiente preservado. Um dos mais eficazes, e que vem sendo bastante empregado pelo Ministério Público, é a responsabilização por danos ambientais. Esse instrumento garante que qualquer ato lesivo ao meio ambiente leve o infrator a sanções penais, assim como à obrigação de reparar os danos causados. Porém, caso a transferência de genes manipulados para espécies nativas seja comprovadamente registrada, será extremamente difícil reparar os possíveis danos ambientais. O mesmo acontecerá à saúde, caso alguns indivíduos venham a ter problemas por consumir produtos nocivos, mas rotulados como seguros à saúde e ao meio ambiente.

Neste ponto, cabem então outras duas questões:

- Caso ocorra algum dano à saúde ou ao ambiente advindo da ação cumulativa de um produto transgênico, será possível processar a empresa responsável dez, vinte ou trinta anos depois que o produto foi lançado, utilizado e substituído por outro?
- E se essa empresa não existir mais, a quem se deve recorrer?

É óbvio que dificilmente haverá a quem recorrer. Basta remetermos às propagandas das décadas de 1950 e 1960, que estimulavam o uso do DDT como um produto seguro ao homem e aos animais. Sabemos hoje que os danos à natureza provocados por esse inseticida nunca foram reparados. Tampouco os danos àqueles que adoeceram ou morreram sem conhecer a fonte causadora da doença serão revertidos.

Os produtos geneticamente modificados já fazem parte da vida e, sem dúvida alguma, trouxeram muitos benefícios à sociedade. No entanto, há a necessidade de mais discussões entre o governo, as empresas produtoras de OGMs e os consumidores. É necessário que a sociedade civil esteja organizada para receber e conviver com tais produtos e que tenha conhecimento suficiente para cobrar e responsabilizar aqueles que optaram por investir na área quando houver mérito para as ações.

O Princípio da Precaução no Direito Ambiental determina que não haja intervenções sem certeza prévia dos efeitos nocivos das diferentes atividades que envolvem o meio ambiente, a saúde humana e a segurança da população. Desse modo, tende a evitar danos irreversíveis ao meio ambiente. Nesse contexto, a liberação de alguns OGMs para uso amplo sem que haja um controle rigoroso poderia provocar, a médio e longo prazos, impactos irreversíveis ao equilíbrio ambiental. O princípio da precaução ganhou reconhecimento internacional ao ser incluído na Declaração do Rio (Princípio n.15), que resultou na Conferência das Nações Unidas sobre Meio Ambiente e Desenvolvimento, a Rio 92. No entanto, não existem atualmente mecanismos eficazes de controle e punição. Sabe-se que boa parte do descontentamento de alguns setores da sociedade é por causa da falta de rotulagem específica de algumas mercadorias, que asseguraria a preservação do direito de escolha do consumidor. Apesar de o Decreto n. 4.680, de 24 de abril de 2003, regulamentar especificamente o direito à informação em relação aos produtos que contenham ingredientes oriundos de organismos geneticamente modificados, parece haver uma resistência das empresas em rotular aqueles produtos destinados ao consumo humano e animal. No entanto, é obvio que as pessoas têm o direito de escolher o que plantar em suas propriedades, o que comer e o que fornecer à criação. Para isso, é imprescindível esclarecer não apenas os aspectos técnico-científicos dos produtos, mas também os riscos e benefícios reais que cada um dos produtos geneticamente modificados pode trazer à população. Nesse caso, podemos concordar com Fernando Gabeira, quando afirma que: "Se reduzirmos a questão dos transgênicos à questão científica, vamos abstrair as questões econômica, política e social".

Outro aspecto importante a ser ressaltado é o fato de que 90% das variedades transgênicas já autorizadas para testes foram patenteadas por seis empresas multinacionais. Não se trata, portanto, de uma escolha livre dos agricultores entre transgênicos e não transgênicos. Os pequenos, médios e grandes agropecuaristas parecem ser conduzidos a um processo pouco espontâneo de escolha, em virtude da criação de um vínculo comercial unilateral. Para exemplificar as intenções duvidosas de algumas empresas quanto à questão dos transgênicos, podemos citar o caso das empresas produtoras de tabaco, que investem na transgenia para produzir fumo com maior teor de nicotina, capaz de viciar ainda mais os fumantes. Há também casos relatados de empresas produtoras de sementes e herbicidas que pagam "por fora" a técnicos, pesquisadores de universidades, cooperativas e ao próprio Governo para que façam uma grande campanha e defendam o plantio da soja transgênica resistente a determinadas marcas de herbicidas e pesticidas. Se esse tipo de política continuar a imperar, corremos o risco de, em poucos anos, obrigar os agricultores a comprar apenas as variedades resistentes, bem como os herbicidas específicos para cada variedade, ambos produzidos por essas poucas empresas multinacionais. Além disso, essas empresas passarão a desenvolver, dia após dia, mais e mais produtos, tornando os agricultores reféns do mercado. Assim, muitos produtores vêm levantando as seguintes questões:

- Para que serve uma soja resistente ao herbicida X se ele não usa nem deseja usar esse produto?
- Se os transgênicos são um caminho sem volta, o que podemos fazer para garantir que não nos tornemos completamente dependentes da tecnologia desenvolvida por meia dúzia de multinacionais?

Isso significa que também temos de pensar em investimentos maciços do Governo e de empresas nacionais no desenvolvimento dos próprios OGMs. Devemos pensar, inclusive, naquelas culturas nas quais não há grande interesse das multinacionais, mas que são extremamente importantes para a subsistência de uma série de pequenos agricultores que poderiam ser diretamente beneficiados com um possível aumento da qualidade nutricional e de resistência a doenças. Ou seja, necessitamos de uma política pública em benefício de todos.

Essa situação é muito preocupante e, no momento, o que importa não é ser contra ou a favor dos transgênicos, mas sim lutar por uma política adequada à nossa realidade, a qual permita exigir o cumprimento da lei brasileira, da Legislação de Defesa do Consumidor e da Legislação Ambiental. É fundamental exigir a adoção de estudos permanentes, a fim de assegurar que os consumidores, sejam eles produtores rurais ou simples cidadãos que frequentam as prateleiras dos supermercados, tenham acesso à informação e o direito de escolha. Um ponto a ser considerado é que o Brasil importa uma série de produtos alimentícios dos Estados Unidos e da Argentina, dois países onde os transgênicos são liberados. Importamos produtos derivados de batata, milho, soja etc. e, até o momento, ninguém questiona se tais produtos amplamente consumidos no Brasil são derivados de OGMs ou, ainda, se tais importações têm algum tipo de controle de OGMs.

No Brasil, a legislação de biossegurança engloba apenas a tecnologia de Engenharia Genética, que é a tecnologia de DNA ou RNA recombinante. A legislação estabelece os requisitos para o manejo dos OGMs para permitir o desenvolvimento sustentado da biotecnologia moderna. O órgão brasileiro responsável pelo controle dessas tecnologias é a CTNBio (Comissão Técnica Nacional de Biossegurança). Essa comissão, criada após a promulgação da Lei n. 8.974, em 1995, cuida especificamente da biossegurança e é responsável, dentre outras coisas, pela emissão dos pareceres técnicos de liberação dos OGMs e pelo acompanhamento e desenvolvimento técnico e científico na manipulação de tais produtos. Seu principal objetivo é garantir que a população brasileira esteja protegida de possíveis danos, ficando a fiscalização a cargo dos Ministérios da Saúde, da Agricultura e do Meio Ambiente.

A área de biossegurança busca criar alternativas e tomar medidas para prevenir os efeitos danosos dessa prática. Obviamente, a proteção à saúde humana e ao meio ambiente deve ser priorizada e respeitada, independentemente do tipo de avanço tecnológico. A preocupação com os transgênicos não está relacionada apenas aos aspectos ambientais, mas também às ansiedades do consumidor. São diversas as ações públicas contra os transgênicos, sobretudo contra algumas empresas que vinculam determinadas culturas ao uso de herbicidas específicos. De fato, para muitos casos parecem faltar estudos prévios de impacto ambiental, os quais são um instrumento de origem constitucional que deve ser aplicado fundamentalmente antes de qualquer empresa realizar atividades que possam, eventualmente, causar danos significativos ao meio ambiente. Segundo algumas organizações não governamentais, é prática exigir tais estudos, mesmo sem uma prova de que a atividade em questão cause danos efetivos ao meio ambiente. Para isso, basta a mera possibilidade do dano. A falta de informações e a tendência de benefício unilateral, para muitos legalistas, são suficientes para propor o cancelamento dos trâmites dos pedidos de liberação para o plantio e para o consumo no Brasil. Acreditamos, porém, que o melhor caminho seja o da ampla informação.

GLOSSÁRIO

Ácido nucleico: polímero ou molécula biológica, como o DNA e o RNA, composto por unidades básicas do tipo dos nucleotídeos.

Adaptabilidade: capacidade de adaptar-se ou adequar-se, ou seja, aquele que possui qualidade adaptável.

Agente patogênico: qualquer organismo capaz de causar doenças.

Agentes alquilantes: compostos químicos capazes de se ligar a moléculas orgânicas formando ligações covalentes. No DNA, essas ligações podem ocorrer dentro de uma fita polinucleotídica ou entre as duas fitas dessa molécula.

Agentes quelantes: compostos químicos capazes de adicionar grupos alquil (metil) a uma molécula. Esses compostos se ligam a enzimas e fazem modificações químicas capazes de interromper a atividade catalítica.

Alelos: diferentes formas de um mesmo gene.

Aminoácidos: unidades básicas dos polipeptídeos e das proteínas; unem-se por ligações covalentes do tipo peptídicas.

Amplificação: produção natural ou não de muitas cópias de determinado segmento de DNA.

Angiosperma: vegetal cujos óvulos e sementes encontram-se encerrados em ovários e frutos.

Antibiótico: tipo de composto ou fármaco obtido de seres vivos e que tem a capacidade de bloquear a multiplicação bacteriana ou matar microrganismos.

Anticorpos: proteínas produzidas pelo sistema imunológico. Funcionam no sistema de defesa do corpo, reconhecendo e ligando-se de maneira específica a determinadas substâncias ou moléculas estranhas ao organismo, facilitando sua destruição.

Antígenos: moléculas ou substâncias estranhas ao organismo e que são reconhecidas pelos anticorpos.

Bacteriófagos: vírus que atacam apenas bactérias.

Banco de germoplasma: banco de material biológico vivo e que pode ser conservado no próprio ambiente ou em locais específicos.

Bancos virtuais de genes: banco de sequências de genes disponível na internet.

Base nitrogenada: composto cíclico que contém nitrogênio em sua constituição. No DNA, as bases nitrogenadas são representadas pela Adenina (A), Guanina (G), Citosina (C) e Timina (T). No RNA estão presentes essas mesmas bases, com exceção da Timina, que é substituída pela Uracila (U).

Biblioteca de DNA: coleção de clones que contêm pedaços de DNA obtidos de um genoma doador. Os DNAs clonados em geral ficam guardados em plasmídeos inseridos em bactérias.

Biobalística: método físico de aplicação ou introdução de material biológico em células vivas. Esse método emprega um acelerador, normalmente a gás, capaz de fazer que micropartículas metálicas conjugadas com o material biológico (DNA) vençam a barreira da membrana plasmática das células e sejam alojadas nas organelas celulares.

Biodiversidade: conjunto de espécies que forma a diversidade biológica.

Câncer: doença caracterizada por rápida e descontrolada proliferação celular, resultando em um tecido com forma diferente da do tecido original.

Carcinogênese: desenvolvimento do câncer.

Catalisador: substância ou molécula que acelera uma reação química. Enzimas são proteínas catalíticas ou catalisadoras de reações químicas.

cDNA: molécula de DNA construída com base na sequência nucleotídica de uma molécula de RNA, de maneira inversa à da produção do RNA a partir do DNA, e que ocorre pela ação da enzima viral conhecida por "transcriptase reversa".

Célula germinativa: célula que dá origem a gametas.

Célula somática: célula tecidual de linhagem não germinativa, com complemento cromossômico igual a 2n, ou seja, diploide.

Célula-tronco: célula embrionária com capacidade de se diferenciar em qualquer tipo celular de qualquer tecido.

Clonagem: produção de um organismo vivo por meio de um tecido ou de uma célula somática retirada de um de seus tecidos.

Clonagem gênica: multiplicação de um gene pelo uso de um sistema biológico. Um exemplo é o sistema de transformação bacteriana. Nesse caso, é necessário inserir o gene em um vetor de clonagem (plasmídeo), inserir o vetor em uma célula hospedeira (bactéria) e, por fim, colocar a bactéria em um meio de cultura para que se multiplique e, com isso, faça clones do gene inserido.

Clone: grupo de células ou organismo produzido assexuadamente a partir de um único ancestral, ou seja, geneticamente idêntico a seu genitor.

Colônia: grupo de células obtido com base em culturas celulares de modo natural ou artificial.

Conjugação: união de duas células bacterianas em um processo de doação de material genético de uma para outra.

Conservação da biodiversidade: atividade que consiste na proteção das florestas ou outros espaços verdes, incluindo todos os seus habitantes.

Conteúdo de DNA: quantidade de DNA genômico de uma espécie medida em picogramas ou em outra unidade similar.

Cosmídio: vetor de clonagem de replicação autônoma que pode ser embalado em um bacteriófago em experimentos de engenharia genética.

Cromatina: associação de DNA, proteínas e RNAs que formam os cromossomos.

Cromossomo: fita de cromatina que contém a molécula de DNA.

Cromossomos heterólogos: aqueles que não se pareiam de modo regular na meiose, por não apresentarem homologia na sua sequência de DNA.

Cromossomos homólogos: aqueles que se pareiam de modo regular na meiose, por apresentarem homologia na sua sequência de DNA.

Cultura: conjunto de células cultivadas em frascos especiais para experimentos biológicos, contendo meio líquido ou sólido, rico em nutrientes e hormônios, sendo adequado para a multiplicação celular por mitose.

Deleção: termo utilizado em genética para definir a perda de um pedaço cromossômico ou de um segmento de DNA.

Desnaturação: separação dos dois filamentos polinucleotídicos da fita dupla de DNA por meio do rompimento das pontes de hidrogênio entre as bases nitrogenadas, sem quebrar as ligações fosfodiéster de cada fita.

DNA complementar (cDNA): segmento de DNA produzido a partir de uma sequência de RNA mensageiro isolado da célula ou produzido a partir da sequência de aminoácidos de uma proteína. Para a fabricação do cDNA, deve-se montar uma reação de polimerização contendo a enzima transcriptase reversa.

DNA endógeno: DNA do mesmo organismo.

DNA exógeno: DNA de outro organismo.

DNA ligase: enzima capaz de unir fitas adjacentes de DNA.

DNA polimerase: enzima capaz de sintetizar novos filamentos de DNA a partir de um primer ligado a uma fita molde de DNA.

DNA recombinante: molécula de DNA reorganizada pela permuta, ou *crossing-over*, ou por segmentos de DNA de origens diferentes.

DNA satélite: segmento de DNA altamente repetitivo, visualizado como bandas satélites após a centrifugação em gradiente de concentração ou eletroforese.

DNA Taq polimerase: enzima originalmente isolada da bactéria *Thermus aquaticus* (Taq) empregada amplamente em reações de PCR na síntese de DNA.

DNA unifilamentar: fita polinucleotídica simples (DNA de fita simples) obtida por desnaturação ou rompimento das pontes de hidrogênio que sustentam a estrutura em dupla fita.

DNAs expressos: segmentos de DNA que codificam moléculas de RNAs e/ou polipeptídeos.

Ecossistemas: comunidade de organismos constituída por produtores, compositores e decompositores funcionalmente relacionados entre si e com o meio ambiente e considerados uma entidade única.

Elemento transponível: segmento de DNA que pode se mover dentro de um genoma.

Eletroforese: separação, por meio de corrente elétrica, de macromoléculas eletricamente carregadas (proteínas, DNA, RNA) e depositadas em uma matriz gelatinosa.

Embriogênese: formação e desenvolvimento dos seres vivos, da fecundação ao nascimento.

Endocitose: transporte de material do meio extracelular para meio intracelular, em grande quantidade, por meio da membrana plasmática. Esse evento não ocorre por meio de proteínas canal, mas por invaginações na membrana plasmática.

Endonuclease: enzima que quebra a ligação fosfodiéster entre dois nucleotídeos de uma ou das duas fitas de DNA.

Envoltório nuclear: membrana que envolve o núcleo e é responsável pela manutenção da integridade nuclear, bem como pelo controle da importação e da exportação de biomoléculas e reguladores das atividades gênicas (íons, vitaminas etc.). Formada por uma especialização do retículo endoplasmático.

Enzima: proteína funcional que atua naturalmente nas vias metabólicas dos organismos acelerando as reações químicas.

Enzima de restrição: proteína de defesa que tem a capacidade de cortar moléculas de DNA estranhas ao organismo em um ponto específico.

Enzimas proteolíticas: proteínas capazes de degradar proteínas.

Especiação: processo de formação de uma nova espécie.

Esterilização: tornar algo estéril, ou seja, ato de matar microrganismos.

Etiologia: estudo das origens ou causas de algo.

Etiquetas de sequências expressas: uma sequência de DNA dentro de uma região codificadora de um gene que pode ser utilizada para identificar genes completos e enriquecer mapas genéticos. Essas sequências podem ser obtidas com base na leitura de trechos de RNAs mensageiros.

Eucarionte: qualquer organismo unicelular ou pluricelular que possua núcleo definido e limitado por membrana.

Exonuclease: enzima que quebra uma ligação fosfodiéster e retira nucleotídeos, um de cada vez, pelas extremidades da fita de DNA.

Extinção: ato ou efeito que leva à destruição ou extermínio.

Extragenômicos: segmentos de DNA que não pertencem aos cromossomos ou ao grupo de cromossomos que compõem o genoma.

Fago: veja *Bacteriófagos.*

Fecundação: união de gametas masculino e feminino, com fusão dos respectivos núcleos e formação do zigoto.

Fenótipo: forma assumida por uma característica em decorrência da atuação dos genes (genótipo) e do meio ambiente.

Fertilidade: qualidade relacionada à fecundidade ou capacidade reprodutiva.

Fertilização: processo de união de gametas (veja *Fecundação*).

Fertilização *in vitro:* produção de um embrião pela união de um espermatozoide e um óvulo em condições laboratoriais.

Filogenia: história evolutiva, ou genealogia, de um grupo de organismos, considerando-se o conjunto de transformações sofridas pelas espécies no curso da evolução.

Fluorocromos: substância fluorescente normalmente utilizada em técnicas de biologia molecular. São excitados quando expostos à luz ultravioleta. Absorvem luz em determinado comprimento de onda e emitem brilho em comprimentos de onda distintos. Podem ser observados no comprimento de onda do verde, do vermelho, do azul, do amarelo etc. Cada fluorocromo possui uma cor específica e é ótimo como molécula sinalizadora.

Fosfolipídio: lipídio composto por duas caudas de hidrocarbonetos não polares (ácido graxos) e uma cabeça polar, feita de alcoóis, glicerol e grupo fosfato. Típico de membranas biológicas.

Gametas: células contendo a metade do complemento cromossômico, ou seja, haploide (n). São gerados por meio da divisão celular conhecida como meiose, que ocorre normalmente em tecidos reprodutivos de animais e vegetais.

Gene: um segmento de DNA que codifica um RNA mensageiro que é traduzido em polipeptídeo. A unidade fundamental da hereditariedade.

Genoma: conjunto ou complemento de DNA de um organismo. Fazem parte do genoma os segmentos de DNA gênicos e não gênicos. Seu tamanho é dado em pares de bases ou picogramas.

Genoma haploide: metade do material genético ou complemento cromossômico das células somáticas de um organismo, que corresponde ao material genético das células gaméticas.

Genótipo: constituição genética de um indivíduo para um determinado loco (Ex: AA, Aa ou aa) ou conjunto de locos (ex: AABbcc, AaBBCC etc).

Germoplasma: coleção de material genético de um indivíduo, uma população ou uma espécie, podendo ser mantida na forma de bancos (gametas, sementes etc.) ou em viveiros.

Gimnospermas: vegetais cujas sementes não estão encerradas dentro de um fruto, ou seja, possuem sementes nuas.

Glicogênio: carboidrato de reserva composto por glicose estocado no fígado e nos músculos.

Grupos taxonômicos: grupo de espécies morfologicamente similares, relacionadas evolutivamente e agrupadas em um sistema de classificação.

Hereditário: aquilo que é transmissível geneticamente para as gerações seguintes.

Hibridização: Formação de híbridos por meio do cruzamento entre raças ou espécies diferentes. Também relacionada aos procedimentos técnicos de desnaturação e renaturação de ácidos nucleicos de diferentes origens, utilizados em biologia molecular.

Hidrofílica: molécula que pode ser dissolvida na água.

Hidrofobia: propriedade de certas moléculas, ou de parte delas, de não apresentar afinidade com a molécula de água, ou seja, não polares. O contrário de moléculas hidrofílicas.

Homologia: genes, cromossomos ou caracteres compartilhados por dois indivíduos e que derivaram de um ancestral comum.

Identidade de DNA: polimorfismo dos fragmentos de DNA, exclusivo de um indivíduo, revelado por técnicas de biologia molecular.

Indivíduo: elemento ou unidade biológica de uma espécie, ou seja, um representante de dada espécie de dada população.

Infecção: relação parasitária entre um agente patogênico e um hospedeiro.

Inoculação: adição de um microrganismo em meio de cultura ou outro local.

Insulina: hormônio proteico produzido pelo pâncreas que controla o nível de açúcar circulante em nossa corrente sanguínea. Quando há excesso de glicose no sangue, a insulina induz sua retirada e estocagem na forma de açúcar de reserva, conhecido como glicogênio.

Intérfase: período em que a célula desenvolve atividades relacionadas ao funcionamento tecidual ou ao preparo para a entrada nas divisões celulares. É marcada pela presença de envoltório nuclear íntegro, isolando o material genético do restante dos componentes celulares.

Ligação covalente: ligação química estável entre dois átomos em que há o compartilhamento de elétrons.

Ligação fosfodiéster: ligação covalente formada quando dois grupos hidroxilas formam éster no mesmo grupo fosfato. É típica em moléculas de DNA e RNA.

Ligação peptídica: ligação covalente entre dois aminoácidos.

Linfócitos: células de origem linfoide relacionadas à resposta imunológica.

Lipossomos: vesículas artificiais compostas por bicamada fosfolipídica.

Loco: posição ocupada por um determinado gene no cromossomo.

Macromolécula: molécula grande composta por unidades básicas. Proteínas são macromoléculas compostas por aminoácidos, ácidos nucleicos, por nucleotídeos, polissacarídeo (açúcares), por monossacarídeos e gorduras, por ácidos graxos.

Mapa de restrição: relação dos pontos em que uma molécula de DNA pode ser clivada por mais de uma enzima de restrição.

Mapeamento genético: consiste na localização física dos genes de um organismo em cada um de seus pares cromossômicos ou grupos de ligação. No caso do ser humano, em cada um de seus 23 pares cromossômicos.

Marcadores de DNA: segmentos de DNA identificados por meio das técnicas de biologia molecular e que podem servir para identificar o genoma de um ou mais indivíduos.

Meio de cultura: solução líquida, gelatinosa ou sólida, composta por várias substâncias necessárias para que uma ou mais células sejam capazes de sobreviver e se reproduzir em condições laboratoriais.

Meiose: divisão celular essencial na reprodução sexuada, que origina gametas femininos e masculinos contendo a metade (n) do número cromossômico somático (2n).

Metabolismo: toda a via metabólica (reações químicas programadas) de uma célula viva.

Mitose: divisão celular pela qual uma célula somática origina duas células-filhas, mantendo o número cromossômico original.

Mutação: mudança no material genético que é passada para a prole ou para as células-filhas. Pode envolver um ou mais nucleotídeos, englobando a troca, retirada ou adição destes, ou então alterações maiores, envolvendo segmentos cromossômicos pequenos ou grandes ou, ainda, cromossomos inteiros.

Neoplasia: proliferação celular que ocasiona o aparecimento de células diferentes do tecido de origem. Relacionada à degeneração tecidual em histologia e ao câncer.

Neurotransmissor: molécula produzida pelos neurônios capaz de transmitir o impulso nervoso de um neurônio a outro ou deste para uma célula efetora.

Nucleossomo: unidade estrutural da cromatina. É composto por um segmento de DNA que se enrola duas vezes ao redor de um octâmero de histonas.

Nucleotídeos: unidades básicas dos ácidos nucleicos (DNA e RNA). São compostos por um açúcar de cinco carbonos (ribose no RNA e desoxiribose no DNA), um grupamento fosfato e uma base nitrogenada, podendo este último componente ser dos tipos Adenina (A), Timina (T), Citosina (C), Guanina (G) ou Uracila (U), esta última encontrada no RNA em substituição a Timina.

Oligômero: pequeno polímero composto por unidades básicas de macromoléculas.

Oncogenes: genes envolvidos no controle da divisão celular que, quando mutados, podem levar ao surgimento de tumores benignos e malignos.

Organelas citoplasmáticas: grupo de estruturas ou corpúsculos celulares ocorrente suspenso no citoplasma, envolto por membrana e responsável pelo metabolismo celular. São exemplos de organelas o lisossomo e o retículo endoplasmático etc.

Pares de bases: emparelhamento de dois nucleotídeos em uma molécula de DNA, atraídos por pontes de hidrogênio entre as bases nitrogenadas.

Patógeno: agente causador de doença.

Permuta genética: também chamada de *crossing-over*. Troca de DNA entre cromossomos homólogos quando estes se pareiam na primeira etapa da meiose.

Picograma: unidade de medida que representa 10^{-12} gramas.

Plasmídeo: molécula circular de DNA presente nas bactérias que tem a capacidade de se multiplicar de forma independente de seu DNA cromossômico. Dada a sua capacidade natural de multiplicação e de transferência é utilizado como vetor na produção de organismos transgênicos.

Ploidia: referente à quantidade de cópias de um genoma (no caso, complemento monoploide) dentro de uma célula.

Polimerase: enzima responsável pela produção de polímeros. Por exemplo, a DNA polimerase é responsável pela síntese de DNA, e a RNA polimerase, pela síntese de RNA.

Polipeptídeos: moléculas formadas por aminoácidos unidos por ligações peptídicas.

Poluição: acúmulo de substâncias no meio ambiente que podem ser prejudiciais à vida.

População natural: conjunto de indivíduos de uma mesma espécie que vivem em uma mesma área, sob as mesmas condições ambientais e evolutivas.

Primer: pequeno segmento de ácido nucleico, complementar a uma fita de DNA, e que é necessário para a síntese da fita complementar. Produzido naturalmente dentro das células para que ocorra a duplicação do DNA, ou artificialmente pelo homem para ser utilizado na técnica de Reação em Cadeia da Polimerase (PCR).

Procarionte: microrganismos simples que não possuem núcleo definido ou limitado por membrana. Englobam as bactérias e as arqueobactérias.

Prole: os descendentes de qualquer organismo.

Proteína: molécula composta por aminoácidos unidos por ligações covalentes do tipo peptídicas. Pode ser formada por uma ou mais cadeias peptídicas, como acontece com a hemoglobina dos vertebrados.

Proteoma: conjunto de moléculas peptídicas (polipeptídeos e proteínas) produzido por determinado genoma. Pode também se referir ao conjunto de peptídios produzidos por determinado grupo de células ou tecidos de acordo com algum tipo de estímulo ou em determinado momento da vida.

Receptor: molécula sinalizadora que reconhece outras moléculas específicas (ligantes) e inicia uma resposta em uma célula. Pode ocorrer dentro ou na superfície das células, sendo, neste caso, um componente da membrana plasmática.

Recombinação: reorganização de pedaços cromossômicos ou de pequenos segmentos de DNA após um ciclo de quebra e fusão. Formação de novas combinações.

Regeneração: capacidade de recuperação de um tecido lesado ou de um organismo inteiro por multiplicação celular e tecidual.

Regulação gênica: mecanismo envolvido no controle da expressão dos genes, seja o silenciamento, seja a ativação.

Replicação do DNA: processo semiconservativo de produção de novas moléculas de DNA. Ele ocorre na fase preparatória para a divisão celular e é catalisado por um conjunto de enzimas, dentre elas a DNA polimerase.

Reprodução assexuada: tipo de reprodução que não depende da união de gametas, permitindo que os descendentes sejam geneticamente idênticos a seus ancestrais.

Reprodução sexuada: tipo de reprodução no qual os genomas de dois indivíduos são fundidos em decorrência da fecundação de seus gametas, e que leva a produção de um novo organismo.

Retrocruzamento: ato de cruzar um descendente com um dos progenitores ou outro indivíduo com genótipo igual ao do progenitor.

Ribonucleoproteína: complexo formado por ribossomos e proteínas, como as subunidades dos ribossomos.

RNA: ácido ribonucleico produzido no núcleo dos organismos eucariontes e no citoplasma dos procariontes durante o processo de transcrição da fita de DNA.

Sequenciamento: atividade relacionada com a determinação da disposição exata (sequência) dos nucleotídeos (A, T, G e C) em uma molécula de DNA.

Silenciamento gênico: impedimento da transcrição de determinado gene e, por consequência, ausência de seu RNA mensageiro; destruição do RNAm logo após a transcrição; alteração na sequência gênica com a produção de um RNAm irregular e que resulta em um peptídeo não funcional. Os três casos podem ser considerados silenciamento, já que a cadeia polipeptídica correta não foi produzida.

Simbiose: quando a relação entre duas espécies diferentes se configura como vantajosa para ambas.

Sistema imunológico: todos os complementos de células e moléculas que, quando organizados, respondem em forma de defesa do organismo.

Sonda de DNA: segmento de DNA gênico ou não gênico, de sequência conhecida e marcado artificialmente, empregado nas técnicas de biologia molecular, citogenética ou outra, para localizar fisicamente esse segmento em núcleos, cromossomos, tecidos ou qualquer tipo de matriz.

Telômeros: região terminal dos cromossomos (pontas), formada por sequências de DNAs curtas e repetidas (TTAGG, TTTAGGG, TTAGGG, dentre outras).

Tradução do RNAm: produção de uma cadeia polipeptídica pela união de um complexo formado por RNA mensageiro, ribossomos e RNA transportadores.

Transcrição do DNA: processo de produção de uma fita de RNA por meio de um molde de DNA. Ocorre no núcleo das células eucariontes e é catalisado pela enzima RNA polimerase. Nos procariontes, o processo ocorre no citoplasma, já que esses organismos não possuem núcleo envolto por membrana.

Transcriptase reversa: enzima típica de alguns vírus, chamados retrovírus, capaz de sintetizar uma cópia de fita dupla de DNA a partir de uma molécula molde de RNA.

Transcriptoma: conjunto total de moléculas de RNA produzido por determinado genoma, seja RNA mensageiro, ribossômico ou transportador, sejam todos os outros tipos descritos de RNA. De maneira mais restrita, pode se referir ao total de moléculas produzidas especificamente por um grupo de células ou tecido, sob determinadas condições, tendo-se em vista que cada um deles pode expressar diferentes conjuntos de RNAs.

Transdução: transferência de genes de uma bactéria doadora para outra receptora, tendo o bacteriófago como vetor.

Transfecção: introdução de DNA exógeno em uma célula eucarionte seguida da expressão do gene recém-introduzido.

Transformação bacteriana: captação de DNA do meio externo por uma célula bacteriana seguida da expressão do gene adquirido. A transformação pode ser natural ou induzida em laboratório.

Transgênese: procedimento de manipulação genética cujo produto é a transferência ou inserção de um ou mais genes exógenos (alheios) no genoma de um organismo, ou seja, a produção de OGMs.

Transposon: elemento genético com a propriedade de se movimentar no genoma. Esse segmento de DNA pode produzir uma nova cópia de si e alocá-la em outra posição do genoma, ou pode se destacar de uma posição em um cromossomo e se reposicionar em outra região do genoma.

Tumor: chamado por alguns de neoplasma. É caracterizado pelo aumento do volume tecidual, em virtude do descontrole na proliferação celular.

Variabilidade: são as diferenças entre indivíduos de uma população, entre diferentes populações ou entre níveis superiores e que podem envolver aspectos morfológicos, genéticos, fisiológicos e de comportamento.

Vetor: molécula de ácido nucleico utilizada como meio de transporte para a transferência de genes de um organismo a outro.

Vetor de clonagem: elemento genético móvel, bacteriófago ou plasmídico usado para transferir fragmentos de DNA de uma célula para outra.

Vetor de expressão: elemento genético contendo uma sequência de DNA exógeno, que é transportado de uma célula para outra e especifica determinada proteína.

SUGESTÕES DE LEITURA

BORÉM, Aluízio. *Escape gênico e transgênicos*. Viçosa: Suprema, 2001.

BORÉM, Aluízio et al. *Transgênicos*: a verdade que você precisa saber. Brasília: AP, 2003.

DESTRO, Deonísio, MONTALVÁN, Ricardo. *Melhoramento genético de plantas*. Londrina: UEL, 1999.

EMBRAPA. Disponível em: http://www.embrapa.br. Acesso em: 09/04/2009.

FUNDAÇÃO ARAUCÁRIA. Disponível em: http://www6.pr.gov.br/fundacaoaraucaria/comunicacao/clipping.htm. Acesso em: 09/04/2009.

GENOMA. Disponível em: http://watson.fapesp.br/onsa/Genoma3.htm. Acesso em: 09/04/2009.

GLOSSARY OF GENETICS TERMS. Disponível em: http://www.clanlindsay.com/genetic_dna_glossary.htm. Acesso em: 09/04/2009.

INSTITUTO CIÊNCIA HOJE. Disponível em: http://www.cienciahoje.uol.com.br/. Acesso em: 09/04/2009.

JORNALISMO AMBIENTAL: CONCEITOS E PRÁTICAS *On-LINE*. Disponível em: http://www.jornalismoambiental.com. br/jornalismoambiental/fontes/meteorologia.php. Acesso em: 09/04/2009.

MOREIRA-FILHO, Carlos A., VERJOUSKI-ALMEIDA, Sergio. Genoma clínico. *Biotecnologia*. n.16, p.162-7, 2000.

PESQUISA FAPESP. Disponível em: http://www.revistapesquisa.fapesp.br/. Acesso em: 09/04/2009.

PORTAL BIOTECNOLOGIA: CIÊNCIA E DESENVOLVIMENTO. Disponível em: http://www.biotecnologia.com.br/bioglossario/index.php. Acesso em: 09/04/2009.

ROBERTIS, Eduardo M. F. de. *Bases da biologia celular e molecular*. 4.ed. Rio de Janeiro: Guanabara Koogan, 2006.

SERAFINI, Luciana Atti et al. *Biotecnologia na agricultura e na agroindústria*. Guaíba: Livraria e Editora Agropecuária, 2001.

SILVA, Juliana da et al. *Genética toxicológica*. Porto Alegre: Alcance, 2003. UNIVERSITY OF WASHINGTON: DEPARTMENT OF BIOLOGY. Disponível em: http://www.biology.washington.edu/. Acesso em: 09/04/2009.

QUESTÕES
PARA REFLEXÃO E DEBATE

1. Por que existem sequências de DNA não gênicas e quais seriam suas reais funções?

2. Qual a importância dos bancos de genes para a população mundial?

3. Qual a diferença entre manter bancos de genes animais, vegetais e de microrganismos?

4. O que são mutações e qual a influência dos agentes poluidores no aparecimento de doenças genéticas nos seres humanos?

5. Todas as mutações são prejudiciais aos seus portadores?

6. Como as células conseguem se defender da ação de agentes que causam danos ao DNA?

7. Qual a importância dos DNAs de caráter repetitivo para a evolução da biotecnologia?

8. Como um segmento de DNA pode ser amplificado em condições laboratoriais?

9. O que são e para que servem os marcadores moleculares?

10. Como é possível fundir duas células vegetais se elas possuem uma parede celular rígida?

11. Como é possível isolar um gene e colocá-lo em outro organismo?

12. Quais são os tipos de vetores mais utilizados em engenharia genética?

13. Como é possível saber se um segmento de DNA vetorizado e clonado realmente está presente no organismo receptor?

14. Qual a importância dos meios físicos de inserção gênica na medicina moderna?

15. O que é o sequenciamento do DNA genômico e quais são os benefícios que os Projetos Genoma trarão para a humanidade?

16. Por que há alta similaridade entre muitos genes humanos e os de outros vertebrados?

17. O que é vacina de DNA e como é possível silenciar um gene?

18. A vacina de DNA pode realmente gerar humanos transgênicos?

19. Como é possível impedir que a célula produza determinada proteína se ela possui o gene que codifica essa proteína?

20. Por que a transcrição do DNA ocorre no núcleo dos eucariontes e a tradução do RNA mensageiro ocorre no citoplasma dessas células?

21. Qual a importância de um mecanismo o qual determina que as células têm de morrer em determinado momento e tecido?

22. As pessoas com poder aquisitivo elevado têm mais direito a serem clonadas do que aquelas com poder aquisitivo baixo?

23. Ser clonado significa ter vida eterna?

24. Quais os benefícios reais da clonagem na medicina moderna?

25. A reprodução sexuada pode ser considerada um tipo de transgenia?

26. Eu quero e gosto de transgênicos, mas meu vizinho não. Quem tem mais direito? Eu ou meu vizinho? Tem mais direito o que tiver mais dinheiro?

27. Em nossas células há mitocôndrias. Essas organelas provavelmente surgiram há milhões de anos a partir de algum procarionte que passou a viver em simbiose dentro das células eucarióticas, tornando-se essencial para elas. Algo parecido parece ter acontecido com os cloroplastos dos vegetais. Com base nisso, podemos considerar que todos nós somos transgênicos?

28. Qual a importância social da rotulagem dos produtos e derivados de transgênicos?

29. Quais os riscos que os produtos transgênicos podem trazer ao ambiente?

30. Quais os benefícios que os transgênicos trouxeram para a ciência e para a medicina?

**CONHEÇA OUTROS LANÇAMENTOS
DA COLEÇÃO PARADIDÁTICOS UNESP**

SÉRIE NOVAS TECNOLOGIAS
Da Internet ao Grid: a globalização do processamento
Sérgio F. Novaes e Eduardo de M. Gregores
Energia nuclear: com fissões e com fusões
Diógenes Galetti e Celso L. Lima
Novas janelas para o universo
Maria Cristina Batoni Abdalla e Thyrso Villela Neto

SÉRIE PODER
A nova des-ordem mundial
Rogério Haesbaert e Carlos Walter Porto-Gonçalves
Diversidade étnica, conflitos regionais e direitos humanos
Tullo Vigevani e Marcelo Fernandes de Oliveira
Movimentos sociais urbanos
Regina Bega dos Santos
A luta pela terra: experiência e memória
Maria Aparecida de Moraes Silva

SÉRIE CULTURA
Cultura letrada: literatura e leitura
Márcia Abreu
A persistência dos deuses: religião, cultura e natureza
Eduardo Rodrigues da Cruz
Indústria cultural
Marco Antônio Guerra e Paula de Vicenzo Fidelis Belfort Mattos
Culturas juvenis: múltiplos olhares
Afrânio Mendes Catani e Renato de Sousa Porto Gilioli

SÉRIE LINGUAGENS E REPRESENTAÇÕES
O verbal e o não verbal
Vera Teixeira de Aguiar
Imprensa escrita e telejornal
Juvenal Zanchetta Júnior

SÉRIE EDUCAÇÃO

Políticas públicas em educação
João Cardoso Palma Filho, Maria Leila Alves e Marília Claret Geraes Duran
Educação e tecnologias
Vani Moreira Kenski
Educação e letramento
Maria do Rosário Longo Mortatti
Educação ambiental
João Luiz Pegoraro e Marcos Sorrentino

SÉRIE EVOLUÇÃO

Evolução: o sentido da biologia
Diogo Meyer e Charbel Niño El-Hani
Sementes: da seleção natural às modificações genéticas por intervenção humana
Denise Maria Trombert de Oliveira
O tapete de Penélope: o relacionamento entre as espécies e a evolução orgânica
Walter A. Boeger
Bioquímica do corpo humano: para compreender a linguagem molecular da saúde e da doença
Fernando Fortes de Valencia
Avanços da biologia celular e molecular
André Luís Laforga Vanzela

SÉRIE SOCIEDADE, ESPAÇO E TEMPO

Trabalho compulsório e trabalho livre na história do Brasil
Ida Lewkowicz, Horacio Gutiérrez e Manolo Florentino
Imprensa e cidade
Ana Luiza Martins e Tania Regina de Luca
Redes e cidades
Eliseu Savério Sposito
Planejamento urbano e ativismos sociais
Marcelo Lopes de Souza e Glauco Bruce Rodrigues

SOBRE O LIVRO

Formato: 12 x 21 cm
Mancha: 20,5 x 38,5 paicas
Tipologia: Fairfield LH 11/14
Papel: Offset 75 g/m² (miolo)
Cartão Supremo 250 g/m² (capa)
1ª edição: 2008
1ª reimpressão: 2022

EQUIPE DE REALIZAÇÃO

Edição de Texto
Josie Rogero (Copidesque)
Rodrigo Botelho (Preparação de original)
Rinaldo Milesi e Érika Martins (Revisão)
Kalima Editores (Atualização ortográfica)

Editoração Eletrônica
Entreletra Produção Gráfica (Diagramação)

Impressão e Acabamento
Bartiragráfica
(011) 4393-2911